刘兴诗
爷爷

改变历史的中国古代科技

数学 物理 化学 生物

刘兴诗 著

人民邮电出版社
北京

目录

数学 物理 化学

生物

传说故事

改变历史 的 中国古代科技

数学 物理 化学

古有终南神算子，

数一数、算一算，

自有亿万运心间。

曾见前朝炼丹士，

金一炉、银一炉，

炼出灵丹妙药无数。

做算数的小竹棍儿

横几根，纵几根，纵横排列，
演算成千上万

奇怪呀，真奇怪！尘土飞扬的大路上，远远走来一个奇怪的人，腰上挂着一个奇怪的布袋子，不知道是干什么的。沉甸甸的布袋子里，也不知道装着什么奇怪的东西。

是走村串户卖山货的货郎吧？布袋子里塞满竹笋、大枣什么的。谁要买，他伸手就能掏出一大把。

是长途跋涉赶路的苦命人吧？布袋子里塞满了自己家里烤的大饼，肚子饿了就拿一个出来慢慢啃。

是装神弄鬼的算命先生吧？布袋子里塞满了长长短短的竹签，谁要问祸福吉凶，他就掏出来让别人抽签。

得啦，别瞎猜了，都不是的。不过，说这是带着竹签的算命先生，似乎还沾一点儿边。只不过这不是宣扬封建迷信的算命先生，而是一位值得尊敬的数学家。布袋子里塞满的不是用来卜卦算命的竹签，而是用来计算的算筹。

算筹是什么玩意儿？是世界上最古老

6

也最简单的一种计算工具。掏出来一看，原来就是一大把小竹棍儿。

请别小看了这些小竹棍儿，用来计算可有大用呢。

没准儿有人会说，要做算数，写在纸上呀，用黑板也成。

没准儿也有人反问一句，还没有发明纸，也没有粉笔和黑板的时代难道就不做算数了吗？毕竟写在丝绸上面可太奢侈了。

掰着手指算，超过了10怎么办？总不能再用脚丫子，或者向别人借几十、上百根手指呀！

没有那么多的手指怎么办？是不是可以用别的东西代替呢？

啊哈！终于想出一个好办法，用小竹棍儿代替自己的手指，古人将它们叫作算筹。顾名思义，算筹是用来计算的工具。

算筹是春秋时期出现的，最早是截面为圆形的竹棍儿，比筷子还长。为了携带方便，到了隋代，算筹不仅大大缩短，圆棍儿也被改成方的或扁的。后来除了常见的竹筹，还出现了木筹、铁筹、玉筹、牙筹等算筹，算筹越来越精致了。

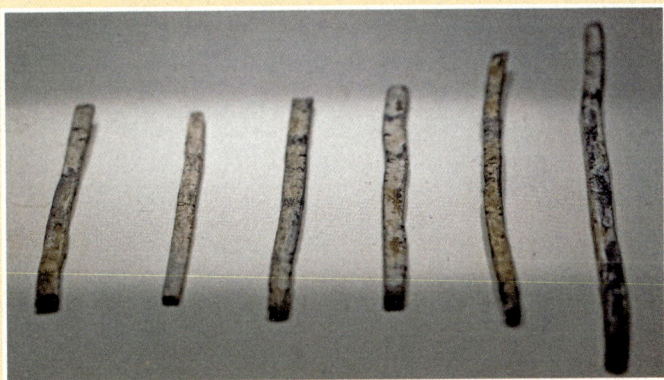

铅质算筹

🕐 西汉 | 🏺 陕西西安东郊出土

嵌银乌木算筹

🕑 清代

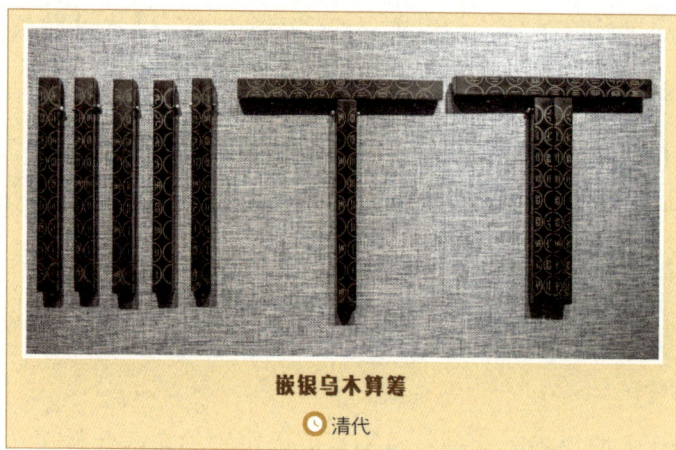

　　算筹也不能随身带很多。如果计算的数目超过了 1000，甚至 10000，总不能笨得携带成千上万根算筹吧？那不仅很沉重，也会把脑袋搞昏。

　　我们的祖先真聪明，发明了十进制的数字表示方法。不用纸，不用笔，不管走到哪儿，要想做一道数学计算题，只消拿出一把小小的算筹，摆在炕头、桌上，甚至摆在地上也成。计算的时候，将算筹摆成纵式和横式，很快就算出来了。

　　为什么摆成纵横不同的排列方式？这是故意安排的。

　　原来是用纵横两种排列方式来表示各位上的数字。简单的 1 到 5 的计算，只消使用算筹直接摆一摆就得啦。如果数字很大，就用纵横排列方式来表示。

数字	1	2	3	4	5	6	7	8	9
纵式	Ⅰ	Ⅱ	Ⅲ	ⅢⅠ	Ⅲ	⊤	⊤Ⅰ	⊤Ⅱ	⊤Ⅲ
横式	—	=	≡	≣	≣	⊥	⊥	⊥	⊥

表示多位数的时候，个位用纵式，十位用横式，百位用纵式，千位用横式，以此类推，可以进行加、减、乘、除、开方等运算，算出很大的数字。如果遇着零就空一位。不管什么数字，这种方法都可以将其表示得清清楚楚。

千位	百位	十位	个位
横式	纵式	横式	纵式

有趣的是，算筹还能表示负数呢。有的算筹还分红、黑两种，红筹表示正数，黑筹表示负数。这种当时世界上独一无二的计算工具和计算方法，真是妙不可言。

小知识

中国古代十进制的算筹记数法非常了不起，和世界上其他古老民族的记数法相比，显示出很大的优越性。例如古罗马的数字系统没有位值制，只有 7 个基本符号，如果要统计稍微大一些的数字就困难极了。别的一些古老民族虽然会用位值制，但是记数法很不灵便：美洲玛雅数字是二十进制，至少需要 19 个数码；西亚巴比伦数字是六十进制，至少需要 59 个数码，记数和运算都非常复杂。这些方法远远比不上只用 9 个数码，就可以表示任意数字的十进制简捷方便。

试一试，你自己也做一些算筹来计算一道数学题。

地下出土的九九乘法口诀

九八七十二，九九八十一

小学生谁不会背九九乘法口诀？

从"一一得一，一二得二"开始，一直背到"九九八十一"。

熟悉了九九乘法口诀，就能做除法，真是方便极了。

孩子们学会了九九乘法口诀，会忍不住问："这是谁发明的？给咱们帮了大忙，可要好好感谢他才行。"

是数学老师发明的吗？不是。

是老师的老师发明的吗？也不是。

老师的老师能有多少岁？这是 2000 多年前的发明，比老师的老师的老师，白胡子太老师还早得多。

你不信吗？去问考古学家吧，他们就会告诉你九九乘法口诀的来历。

1930 年，中外科学家组成的一个西北科学考察团，来到偏僻的古代居延海所在的地方，在一些荒凉的古堡遗址内外发掘出大量汉代的木简。木简上记录了许多珍贵的历史资料，其中就有孩子们熟悉的九九乘法口诀。有趣的是，古代九九乘法口诀和现在的九九乘法口诀有些不一样，不是从"一一得一，一二得二"开始的，而是反过来，首先是"九九八十一"，再往下一句句背诵下去。

这是最早的九九乘法口诀吗？

不是的，还有更早的呢。春秋战国时期的《管子》《荀子》《战国策》等古书里，都曾经提到过"九九"这回事。可惜尽管书上这样说，却还没有实物证据。

据说春秋时期，还有一个关于九九乘法口诀的故事。

"春秋五霸"之一的齐桓公为了广招天下有才干的人，贴出一个招贤榜，可很久也没有一个人前来应征。有一天，终于来了一个人。齐桓公非常高兴，连忙亲自去迎接。想不到这个人一句话也没有说，开口就大声背诵："九九八十一，九八七十二……"他一口气背完了九九乘法口诀，恭恭敬敬朝齐桓公作了一个揖，说："大王，别笑话我呀。"

齐桓公忍不住哈哈大笑，说："难道会背九九乘法口诀也稀奇吗？"

那个人一本正经地回答："虽然会背九九乘法口诀不稀奇，但是大王如果能对我这样一个只会背九九乘法口诀的人都会亲自接待，天下有才学的人难道不会接二连三来投奔您吗？"

齐桓公一听，觉得这话很有道理，就一本正经地把他请进去。这一来，天下有学问的人就纷纷来投奔齐桓公，齐国也越来越强盛了。

噢，这只是故事。不管怎么说，还是要有真实的依据，才能说九九乘法口诀真是那个时候发明的。

2002 年，考古学家在湖南龙山里耶地区发掘出36000 多块秦简，想不到上面竟然就有和前文提到的一样的九九乘法口诀。秦代在时间上距离春秋战国时期不远，考古学家终于找到了实物证据。九九乘法口诀是咱们的祖先发明的，绝对不会有错。

木头珠子"计算器"

算盘珠子啪嗒响，飞快算完一笔账

啪嗒，啪嗒……

一上一，一下五去四，一去九进一。

啪嗒，啪嗒……

二上二，二下五去三，二去八进一。

啪嗒，啪嗒……

三上三，三下五去二，三去七进一。

这是什么口令呀？好像做广播体操的口令，又不是广播体操的口令，还啪嗒啪嗒响。好像啪嗒啪嗒拍手掌，干吗又一、二、三、四、五、六、七，一个一个数字念个不停？

这不是做广播体操，也不是拍手掌，而是拨拉着算盘珠子做加法，嘴里念着加法口诀呀。

啪嗒，啪嗒……

一下一，一上四去五，一退一还九。

啪嗒，啪嗒……

二下二，二上三去五，二退一还八。

啪嗒，啪嗒……

三下三，三上二去五，三退一还七。

这也是用算盘做加法吗？

不是的，这是用算盘做减法。

算盘可以做加、减、乘、除运算，还可以做乘方和开方运算。不管是开二次方、开三次方、开五次方，还是开其他高次方，都可以用它算出来。

算盘是什么样子的？和计算机键盘一样吗？

哈哈，古时候没有计算机，哪儿有什么计算机键盘？

这是一个长方形的木框子，被横梁分为上下两格，穿插着一根根小木棍儿——档。每根小木棍儿上穿着 7 个木头珠子。横梁上面有 2 个珠子，每个珠子代表 5；下面有 5 个珠子，每个珠子只代表 1。啪嗒啪嗒拨拉着珠子，就可以随心所欲进行计算了。从前的账房先生和店铺里的小伙计，都会用算盘。心里默默念着加、减、乘、除的口诀，噼里啪啦拨弄着木头珠子，很快就可以把账算得清清楚楚。算盘一点儿也不比现在的计算器差。

用算盘计算，叫作珠算。算盘价格不贵，携带非常方便，不消说，也不用电池。从某种意义上来说，它比现代计算器还好呢。

算盘是谁发明的？这有一个传说。

据说，在黄帝时期，人们的生活越来越丰富，对于一些事情，只靠打绳结、刻木头和掰手指的办法，已经算不清了；加一加，减一减，还常常算错。人们为此苦恼得不得了。

有一天，一个名叫隶首的人爬上树摘野果吃，边摘边吃，地上扔了许多野果核。他心里想，用绳子把这些野果核穿起来，利用一串串野果核计算，就不会算错，也方便得多了。人们说，这就是算盘的来历。

算盘当然不是黄帝时期的发明。那是原始时代，人们能够用草绳子打结来记数就已经很不错了，哪儿会发明计算器似的算盘？

关于算盘的来历，最早的文字记载可以追溯到 2000 年前的东汉时期。东汉数学家徐岳在《数术记遗》里说，"珠算，控带四时，经纬三才"，说的就是算盘。有一次，徐岳的老师刘洪拜访一位叫天目先生的隐士。这位隐士向他介绍了 14 种计算方法，其中一种就是珠算。

看来这位神秘的隐士也不是真正的算盘发明者。算盘是人们在生活中发明创造的，就把它的发明专利权授予古时候千千万万的老百姓吧。

刘君锡的元杂剧《庞居士误放来生债》中有一句话，"闲着手，去那算盘里拨了我的岁数"，也提到了算盘，可见那时候算盘的应用已经非常广泛了。

算盘的制作很简单，价格十分便宜，珠算口诀很好记忆，运算非常方便。因此，算盘不仅在国内被广泛应用，也逐渐流传到了日本、朝鲜、东南亚等周边国家和地区，甚至传到了大洋彼岸的美国呢。

揭开圆周率秘密的科学家

圆圈圈，圈圈圆，里面奥妙说不完

改变历史的中国古代科技 数学 物理 化学 生物

一个个圆，一个个圈圈，瞧着似乎非常圆满。你可知道有一个秘密藏在里面？要想揭开它可不容易。

那是什么？

那就是圆周率，是圆圈圈的周长和直径的比例。它的"代号"是希腊字母 π。

哦，就这么简单吗？这也太肤浅了。

可别这样说。圆周率的含义还多呢！它也等于圆面积和半径的平方之比，是精确计算圆周长、圆面积、球体积等的关键数值。马马虎虎量一下圆周长和直径有多长，得出的比例肯定不准确。要用在高精尖的技术上，就得把圆周率算得清清楚楚，越精确越好。

古今中外许多人都计算过圆周率，得出精度不一的答案。现在就让我们来看看咱们的古代科学家是怎么计算出来的，达到了多高的精度。

古时候，大约在公元前 1 世纪，一本古老的数学书《周髀算经》里，提出了圆的直径和周长的比例是"径一而周三"的看法，认为圆周率是一个不变的常数。

是不是这样？还得通过仔细计算来验证。后来的刘歆、张衡、刘徽、王蕃、皮延宗等科学家，都计算过圆周率，把这个问题引入更深的层次。

在这几个人里，三国时期的魏国数学家刘徽的贡献最大。他在自己的数学著作《九章算术注》中，用特殊的割圆术，也就是用圆里内接的几何形状来推算，尽可能逼近圆的周长，找到了计算圆周率的科学方法。他首先从圆内接六边形开始割圆，每次边数成倍增加，算到192边形的面积，得到 π=157/50=3.14。他又算到3072边形的面积，得到 π=3927/1250=3.1416；这个数值和现在课本里使用的圆周率一模一样，被称为"徽率"。

这位数学家的贡献还多着呢！当他用无限分割的方法，计算锥体体积的时候，提出了有关多面体体积计算的公式。这一公式被称为"刘徽原理"。这样的发明还多着呢，就不一一细说了。

紧接着，南北朝数学家祖冲之把圆周率计算到小数点后7位，在3.1415926 和 3.1415927 之间，这就更加精确了。为了纪念祖冲之的功绩，人们就把他算出的圆周率称为"祖率"。直到 15 世纪初，阿拉伯数学家卡西才打破了祖冲之保持了近千年的纪录，求得圆周率的 16 位精确小数值。现在通过计算机，圆周率的计算变得简单，在 1949 年算到 2037 位，1959年算到 16167 位，1967 年算到 50 万位，1974 年算到 100 万位，1981 年算到 200 万位，1983 年算到 800 多万位（一说 1000 万位）。

鲁滨孙该学习的数学

山有多高，水有多深，他都会计算

《鲁滨孙漂流记》迷住了许许多多的孩子。

鲁滨孙是谁？是一个独自生活在荒岛上的水手。漫长的荒岛生活，让他学会了许多本领。可是他的本领还学得不够。如果他学习了刘徽写的《海岛算经》，就能够更好地适应海岛生活啦。

刘徽是谁？前一个故事中有提到过他。

他是一位公元 3 世纪的三国后期，居住在山东的魏国数学家。他一辈子也没有做官，喜欢的就是解数学题。

《海岛算经》是一本什么书？顾名思义，就是和海岛有关系的实用数学书。要不，我怎么会向鲁滨孙推荐呢？

这真的是他专门为在海岛生活的人们编写的一本书吗？

严格说起来又不是这样的。原来这只是他在为《九章算术》作注的时候所写的一卷《重差》。因为这一部分非常重要，在实际生活里也很管用，所

以后来唐代数学家李淳风就把《重差》单提出来，把它称为《海岛算经》，使它变成一本真正的书了。这本书被列为我国古代的数学经典《算经十书》之一，是我国古代第一部讲解测量与计算的专著。

这本书非常干脆利落，只列出 9 个有关测高、望远的计算问题。

第一个问题是"望海岛"，就是测量海岛的高度。

这很好办呀！只消在山前平地上竖立两根 3 丈长的杆子，相互距 1000 步。从第一根杆子后退 123 步的地方，正好瞧见杆子顶端和山峰高点重合。从第二根杆子后退 127 步的地方，也恰巧瞧见二者重合。这就可以计算山有多高，山脚距离第一根杆子有多远了。

这实际上是一道三角形几何题。只要知道当时 1 步等于 5 尺（另已知 1 丈 =10 尺），就可以利用三角形边角关系等知识算出来答案。

让我们把这个问题画出来吧。在这个图示里，AB 是山高，两根杆子的长分别是 CD、EF，BD 是山脚和第一根杆子的水平距离。

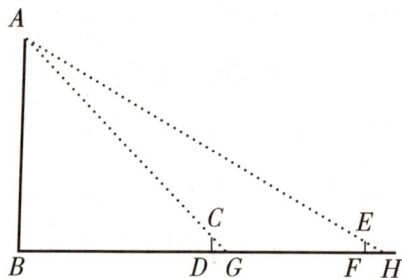

因为 $DH = (1000 + 127) \times 5 = 5635$（尺）

$FH = 127 \times 5 = 635$（尺）

$DG = 123 \times 5 = 615$（尺）

由相似三角形的有关知识得：

$$\frac{AB}{30} = \frac{BD + 5635}{635}$$

$$\frac{AB}{30} = \frac{BD + 615}{615}$$

所以 $BD = 153750$（尺）

$AB = 7530$（尺）

瞧，刘徽轻易地解出了这道几何题。

在《海岛算经》里，除了这个问题，还有 8 个问题。每个问题都很有趣，也很有用处，在这里就不一一解释了，大家都会解答吗？

第二题，现在望见山顶上有一棵松树，怎么计算树有多高？

第三题，远远望见一座城市，它的大小，该怎么计算？

第四题，现在望见一个深谷，怎么测量它的深度？

第五题，站在山上，看见山下有一座楼房，怎么测量平地上楼有多高？

第六题，远远望见一条河，怎么计算河面宽度？

第七题，瞧见清清的水底有一块白石头，怎么计算水有多深？

第八题，远远望见一个湖，怎么计算它有多宽？

第九题，怎么站在山上测量山下城市的大小？

瞧，这些问题多么有趣。请你动脑筋想一想，怎么一一算出正确答案。如果在荒岛上生活的鲁滨孙学会了这些，该有多大的用处啊！

小知识

　　我国古代早就有数学课了。唐代国子监内，专门有一个算学馆，由"博士"和"助教"指导学生学习数学。唐高宗显庆元年（公元656年），《周髀算经》《九章算术》《孙子算经》《五曹算经》《夏侯阳算经》《张丘建算经》《海岛算经》《五经算术》《缀术》《缉古算经》，汉代以来的这十部数学著作，被指定为教科书，其中包括代数、几何等各种知识。后来这十部书就被通称为《算经十书》。这一大套数学经典著作的影响很大，其中的分子、分母、开平方、开立方、正、负、方程等数学名词，一直沿用到今天。

？ 自己动手测量一座山、一座楼房的高度。

墨子和影子游戏

小孔成像发现早，光学理论实在高

战国时期的墨子做了一个有趣的实验：在黑屋子的墙上凿一个小洞洞，人站在墙外面；随着一束明亮的光线射进去，屋里的墙上就出现了一个倒立的人影。

哎呀呀！当时的人们惊奇得简直不相信自己的眼睛了。明明人在外面，怎么会一下子钻进去，头朝下，脚朝上，玩起了倒立的把戏？这是魔术，还是妖术？是不是灵魂出窍？

不，这不是魔术，也不是妖术。墨子不是魔术师，也不是牛鼻子妖道。他不仅是一位思想家和社会活动家，还是了不起的科学家。

那这是怎么一回事？这不是什么灵魂出窍，也不是拿大顶的武功，就是简简单单的小孔成像呀！

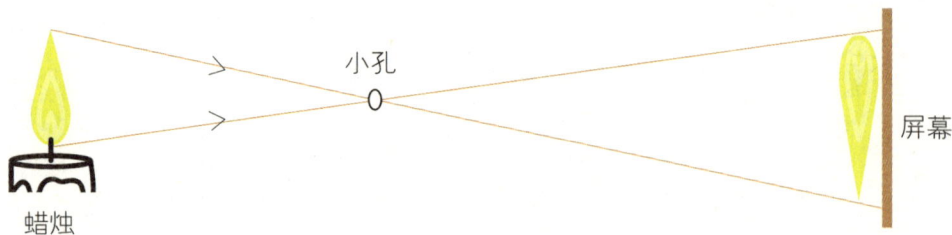

改变历史的中国古代科技 数学 物理 化学 生物

蜡烛　小孔 O　屏幕

23

噢，这在当时很不简单，是一个重要的科学发现。

唉，可惜那时候没有感光的相纸，要不，就可以制作成幻灯片了。

墨子在两篇文章里，还各自写了有名的"光学八条"。

他在一篇《经下》里讲了八条（下文中的"影子"和"影"在今天的光学中称作"像"）。

第一条：人站在镜子面前，镜子里的影子与人方向相反；人影变大或变小，是由镜面的弯曲情况决定的。

第二条：镜子正着放，照出的人影比斜放大些。

第三条：不管镜子大小，影子只有一个。

第四条：镜子不动，影子也不动。

第五条：用两个镜子照，会出现两个影子。

第六条：影子颠倒是在光线相交的情况下，由焦点和影子造成的。

第七条：影子在人和太阳之间，是反照的结果。

第八条：影子的大小，是由光线所照地方的远近造成的。

这样说还不够，他又在另外一篇《经说下》里补充了八条。

第一条：光线照到的地方，就没有影子；在光线照耀的地方，永远不会产生影子。

第二条：两条光线夹一条光线只形成一个影子。

第三条：光以直线传播，照射到下面就反射到高处，照射到高处就反射到下面，所以形成倒影。如果脚遮住下面的光，成影就在上面；脑袋遮住上面的光，成影就在下面。光线通过小孔，直线照射，反映在墙上，所以形成倒影。

第四条：太阳光反射照着人，影子就在太阳和人的中间。

第五条：木杆斜着放，影子短而大；木杆正着放，影子长而小。发光体小于木杆，那么影子大于木杆。不仅发光体的大小能影响影子的大小，发光体的远近也是影响的因素之一。

第六条：平面镜只显示单影，影的形态、黑白、远近、斜正，都是光线反射到镜中而生成的。两个平面镜相接成直角，显出三个影子，其中一个是二影合在一处的复影。两个平面镜的角度或大或小，也会造成复影。复影是一个影子生成在另一个影子的背面。只要物体反射到镜子里面，没有不成影的。两个平面镜倾斜成一定角度，物体反射到镜中成影，所成的影子又反射到另一个镜子里成影。两镜反射同一部分，就形成了复影。

第七条：发光体距离焦点远、照射的光线强，所以物像也大；发光体接近焦点，所接受的光线少，物像也小。如果发光体起于焦点，平行于正轴的光线在镜后的反射线平行射出，生成极远的共轭点。如果物像远离镜后，在弧心之外，发光体接近弧心，所接受的光线多，物像也大；发光体远离弧心，所接受的光线少，物像也小。影像是物体的倒影。

第八条：物体靠近镜面，物体接受的光线占镜子的面积大，形成的影像也大；物体距镜面远，物体接受的光线占镜子的面积小，形成的影像也小。

得啦，不用再多说了，墨子把光学原理解释得清清楚楚，功劳不小呀！

根据墨子介绍的光学原理，你自己试一试，也做一个实验。

"透光"的青铜镜

铜镜子也"透光",照一照你的模样

　　隋代有一个叫王度的人,有一天遇到一个姓侯的奇人。王度甘愿做他的学生,对他非常崇拜。这个人临死的时候,送给王度一面青铜镜,说:"这是古时候黄帝铸造的15面青铜镜中的第八面,是无价之宝,你好好保存它。只要你拿着这面镜子,就能保平安,什么妖魔鬼怪也不敢靠近你。"

　　王度仔细一看,这面青铜镜的直径有8寸(隋代的1寸等于2~3厘米),上面有一个蹲伏的麒麟,高高拱起在镜面之上。镜子周围环绕着乌龟、龙、凤凰和老虎,还有八卦图案,刻写着24个从来也没有见过的怪字,不知道是什么意思。拿起来轻轻一敲,它发出清脆的回响,在耳畔缭绕了整整一天才慢慢消失。不消说,这准是神仙制造的,人间哪有这种宝镜?

　　王度含着眼泪接受了这面镜子,把它当成宝贝似的随身带着,一刻也不离身。后来他和弟弟用这面青铜宝镜降服了许多鬼怪,想不到它真有辟邪退妖的本领呢。它为什么这么神奇？准有一个镜精藏在里面。遗憾的是，后来镜精不知在什么时候悄悄溜掉了，青铜镜失去了原先的功能。在一个风雨交加的夜晚，它也不翼而飞了。

古时候没有玻璃，人们都用磨得透亮的青铜做镜子。考古学家通过发掘证实，早在遥远的商代就有青铜镜了，战国时期更加普遍。到了汉代，制造青铜镜的技术已经达到登峰造极的水平。说起来谁也不会相信，其中有一种竟可以"透光"，显示出背面的花纹图案。

乍一看，它似乎和别的青铜镜没有什么不同。可是太阳光照射在镜面时，镜子背面的花纹和字迹就可以十分清晰地显现在一个屏幕上，好像光线能够透过金属镜面射出来。

咦，这是怎么一回事？从宋代大科学家沈括开始，人们一直试图揭开这个谜，可是想破了脑袋，也想不出到底是什么原因。

这种"透光"青铜镜很少，至今只保存下来4面，都收藏在上海博物馆里。周恩来总理曾前来参观，

看到这面青铜镜觉得非常奇怪。出于对古代科技文明的关心，他问大家："为什么会透光？要研究。"

是啊，2000多年前古人制造的东西，难道掌握了现代科学技术的人还不能弄清楚吗？人们牢记周总理的话，决定进行一场特殊的攻关研究。科学家仔细琢磨，终于揭开了它的秘密。原来它的镜面有铭文和图案的地方比较厚，没有铭文的地方很薄。由于厚薄不均匀，青铜镜在铸造的时候产生了特殊的铸造应力，后来磨镜的时候又生成了弹性变形，使厚的地方曲率半径小，薄的地方曲率半径大。二者只有几微米的差异，实在太小了，肉眼压根儿就看不出来。

值得注意的是，镜面上的这个曲率半径的差异，完全

和背面的纹饰相对应。当光线照射镜面的时候，曲率半径比较大的地方，反射光比较分散，在屏幕上的投影比较暗淡；曲率半径比较小的地方，反射光比较集中，屏幕上的投影就比较明亮。所以人们就能从反射图像中，看见字迹和花纹显现出来了。不知道内情的人完全被蒙住了，真的以为这个金属制造的青铜镜能够"透光"呢。

小知识

上古时期的"镜子"是什么？就是一盆水。能在水里看一看自己的面容，人们就觉得很了不起了。进入青铜时代后，才出现了青铜镜。青铜镜在春秋战国时期开始流行，从汉代到隋唐时期达到了高峰，五代十国以后就逐渐衰退了。随着制造工艺的进步，青铜镜的造型也越来越多样化，装饰了许多神秘的花纹图案，且逐渐变得轻巧。

用擦亮的汽车外壳和其他金属照一照，是不是可以看清楚自己的模样？

亮闪闪的孔明灯

一盏盏升空的纸灯笼，一个个美好的心愿

瞧，那是什么？一个个发亮的东西，活像一团团火，不声不响飞上天空，把黑沉沉的夜晚映得透亮。

是火流星吗？

它们是从地上笔直升上天的，火流星怎么会是这个样子？

是节日的焰火吗？

也不是呀。焰火带着响声，散发出五彩缤纷的亮光。它们可是静悄悄的，也没有华丽的火焰，和我们见惯的焰火大不一样。

仔细看，原来是一盏盏点燃的纸灯笼，有的是长方形，有的是八角形，有的活像滚圆的水桶。

这是孔明灯。

孔明灯又叫天灯。关于它的来历，有一个故事。据说，有一次诸葛孔明（诸葛亮）被司马懿围困在一座孤城里，没法派兵出城求救。孔明算准了风向，制造了这种会飘浮的纸灯笼，带信出去求救。救兵立刻赶来，打退了敌军，孔明也安全脱险了。

孔明曾经七擒孟获，名声在南方远扬，那里的许多少数民族都崇拜他。西双版纳一带也有一个关于他和孔明灯的故事。

传说当年孔明曾经和傣族人并肩作战。有一次，军队和敌人夜战，孔明教当地人糊制这种灯笼，一盏盏升上天。敌人瞧见满天的火球，吓得夹着尾巴就逃跑了。为庆祝胜利，纪念孔明的功劳，傣族人就养成了新年放孔明灯的习俗。

你不信吗？请你自己去看吧。

傣历新年到了，一年一度的泼水节也来临了。住在西双版纳的傣家人白天欢欢喜喜过了泼水节，晚上放起了孔明灯。明亮的孔明灯带着傣家人的祝福，一盏盏飞得高高的，多么好看呀！

中国台湾也有放灯的习惯，却和孔明没有关系。

中国台湾放灯的习俗是从福建的惠安、安溪等地传过去的。大约在清代道光年间，一些福建移民搬迁到中国台北附近的基隆河上游。这儿的山窝窝里地僻人稀，常常闹土匪。土匪一来，人们就逃出村子。等到土匪走后，大家就放天灯互报平安。

有时候，人们也在元宵节放天灯庆祝，所以这种灯又叫"平安灯""祈福灯"。

孔明灯是中国古代的热气球。它怎么能够飞上天？就是依靠热空气形成的上升气流的推动作用呀。

小知识

走马灯是在孔明灯的基础上进一步发展而成的，灯罩里面有一个贴着剪纸的转轮。热空气形成气流，带动着纸糊的转轮慢慢转动，就显现出一幅幅活动的图画了。

孔明灯是用竹篾编成框架，外面糊一层棉纸灯罩制成的。有的孔明灯外形很像诸葛孔明戴的高帽子，所以叫作这个名字。它的上面封得严严密密的，只在下面开一个口。这里安放着支架，支架上是一盏油灯。油灯燃烧生成的热空气比周围的空气密度小，形成上升气流，就能带着孔明灯慢慢飞上天空。等到灯里的油烧完了，不再产生热空气，孔明灯就会自动下降。诸葛孔明懂得热气流上升的物理学原理，真聪明啊！

唉，说起来也有些可惜，古代中国人发明了这种孔明灯，仅仅将它当作一种空中玩具而已，没有将它进一步发展，制作成有更多实际用途的热气球，征服更加广阔的空中领域。

自己动手做一盏孔明灯。

改变历史的中国古代科技 数学 物理 化学 生物

吊桶中的科学

一根木杆一个桶，深深水井不用愁

据说，春秋时期有一位郑国的大夫邓析，路过卫国，瞧见五个农民从井里打水浇地，费尽力气也打不了多少水，浇不了多少地，就下车告诉他们："有一种叫桥的机械，后面重，前面轻，用来提水，一天就能浇许多地，你们何必这样傻干呢？"

可惜这几个农民不听他的劝告，反而说："什么机械不机械的，有好处，也有坏处。咱们还是老老实实照老办法干吧。"

唉，这几个人真傻呀！脑袋怎么这么不开窍？不听别人劝告，就只有吭哧吭哧流一身汗水，凭着自己的蛮力气提水了。

无独有偶，孔夫子的学生子贡有一次到楚国去，瞧见一个老人用水瓮从井里打水，费尽力气也打不了多少水，也对他说："有一种汲水的器械，用力很小，功效很大，一天可以浇灌四百畦。你为什么不用这个办法呢？"

33

楚国这些农民是不是接受了他的意见，书上没有说，咱们也不好乱猜测。但愿他们别像卫国那几个农民那么傻。要相信科学才对，听孔夫子的学生的话总不会错。

邓析和子贡说的是什么东西？这东西，古时候叫作桔槔。

啊，听着桔槔这个名字根本不明白，没准儿回家问妈妈，妈妈也会瞪大眼睛，不知道是怎么一回事。翻开字典一查，原来它就是吊杆呀。这是在井边普遍使用的东西。高高竖立的架子上，横绑着一根长长的杠杆，中间是支点，前面悬挂着水桶，末端悬挂一块大石头。把水桶放入井里打满水以后，由于杠杆末端的重力作用，人们就能十分轻易地把水提起来了。杠杆一起一落，汲水非常方便，人压根儿就不用咬紧牙关费力提水，省了许多力气，所以它是农村生活的"传家宝"。

从前面两个故事来看，桔槔早在春秋时期就出现了，一直沿用了几千年，

桔槔

墜石

《天工开物》桔槔图

是中国农村历代最常用的旧式提水工具。直到今天，一些偏远的农村还在使用它。

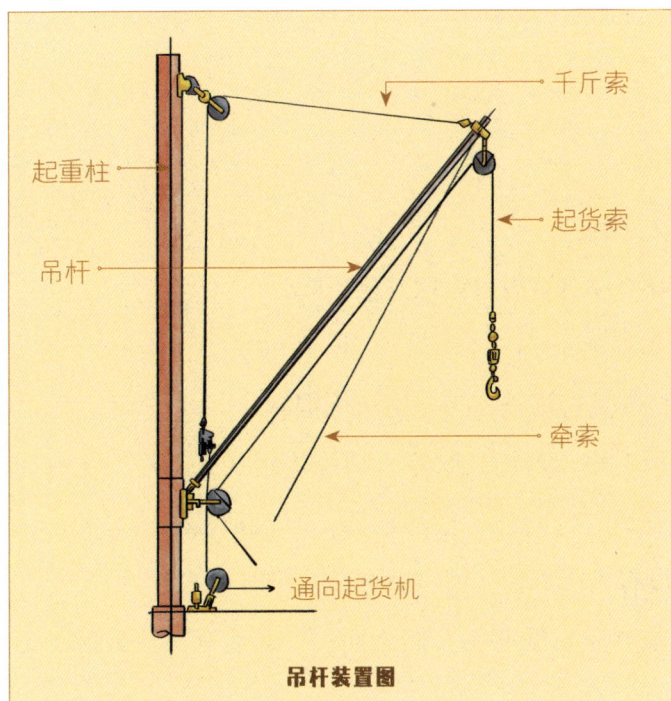

起重柱
吊杆
千斤索
起货索
牵索
通向起货机

吊杆装置图

请别小看了它，这种提水的工具虽然很简单，却很省力气，大大减轻了人们的劳动强度，所以才能流传下来。

小知识

农村水井用的打水唧筒，实际上是一个手动泵。古时候，唧筒和装水的太平缸配套，叫作机桶。北京故宫里就有这种设备，是古代的消防器材。救火的时候，将唧筒放在太平缸里，四个人分别站在唧筒两边用力一压一抬，使水沿着水带从唧筒里喷出，射程可达30米左右。

奇妙的胆铜法

别说火法才能冶炼，须知水法也能冶金

铁是怎么来的？

炼呀！难道没有听说过炼铁这回事吗？

铜是怎么来的？

冶炼呀！既然有炼铁，当然也有炼铜嘛。

炼铜包括焙烧、熔炼、吹炼、精炼等好几个工序，还有一个名儿叫作火法炼铜。青铜时代的许多精美铜器，原料都是炼出来的。可以斩钉截铁地说一句：没有火法炼铜，就没有整个青铜时代。

听了这个解释，没准儿人们会问："既然有火法炼铜，是不是也有水法炼铜呢？"

《天工开物》化铜图

有呀！水法炼铜又叫胆铜法，是咱们老祖宗的发明创造。

炼铜就是炼铜，为什么偏要叫什么胆铜法？

噢，严格来说，这种方法不能叫作"炼"。没有火烧，哪能叫"炼"？这是用胆水浸泡铁矿石，最后得到铜的方法，所以又叫水浸铜法。简单一个"浸"字，就说清楚了它的特点。

咦，这可奇怪了，简简单单用水一泡，怎么能够提炼出人们需要的铜？

这不是一般的水，而是特殊的胆水。所谓胆水就是胆矾溶液，它的化学名称叫作硫酸铜。

从铁矿石里怎么能够提炼出铜呢？是不是变戏法？

是啊，化学方法本身就像变戏法。化学、化学，就是变化之学的意思呀！

请看胆铜法是怎么提炼出铜的。

当铁放进了胆矾溶液里，二者相互作用的过程中，胆矾中的铜离子会被金属铁逐渐置换，成为单质铜慢慢沉淀下来，岂不就是浸泡产生的铜吗？

这种奇妙的方法是什么时候出现的？西汉时期的一本书里，就有**"曾青得铁则化为铜"**的话。曾青又名空青、白青、石胆，也就是胆矾。由此可见，早在2000多年前的西汉时期，我们的老祖宗就认识到"曾青化铁为铜"的现象，说明当时的化学水平很高。到了1000多年前的宋代，胆铜法就开始应用于生产，是大量生产铜的主要方法之一了。

用胆铜法生产铜，其实很简单。只消随着地形高低挖一条沟，沟底铺上草席，用木板将沟隔成一段段阶梯式的水槽；再把破碎的生铁块放在沟里用胆矾溶液慢慢浸泡，水色发生了变化，就表明胆矾里的铜离子已经被铁置换，放了水，就可以收沉淀在草席上的铜了。

胆铜法的优点很多，不仅操作很简单，还节约了许多燃料，也不用鼓风、熔炼等操作，大大降低了成本，不管贫矿和富矿都可以应用。

胆铜法和火法炼铜有什么差别？胆铜法依据什么原理？

改变历史的中国古代科技

生物

一剂汤药，
一根金针，
走遍普天下，
仁人仁术济苍生。
无限和谐，
无限爱心，
自然成一体，
一草一木说生命。

《诗经》里的动植物园

吟咏大自然的诗篇，包含真实的大自然

信不信由你，《诗经》里也藏着动物园和植物园。

你不信吗？请跟着我一起看一看吧。

瞧，这些诗篇记录了当时黄河中下游的许多动植物种类。

这里的农作物有粟（小米）、粱（高粱）、来（小麦）、牟（大麦）、菽（大豆），还有一些水稻。纤维作物有麻、纻、苢、葛等。

蔬菜有瓠（甘瓠）、瓜（甜瓜）、匏、荸（芜菁）、菲（萝卜）、芹、荇、椒、蕨、蒌、薇、荼、茅、唐（菟丝子）、蒲（香蒲）、蓼，还有卷耳、芄兰、苹、藻等野菜。

水果有桃、李、梅、梨、甘棠、郁李、唐棣、木瓜等，还有栗、榛、棘（酸枣）、枣等，以及野生的枸、山葡萄、苌楚（猕猴桃）等。

40

药材有贝母、枸杞、苓、艾、蘩、蒿等。

《诗经》里还记录了杨、柳、榆、桐、桑、漆树、松、柏、桧、檀、樗（臭椿）、栲等许多树木。

此外，这本书记录的花卉、灌木、野草也不少，其中最主要的有荷花、芍药、芦苇等种类。

特别值得注意的是，这本书里还提到一种名叫茹藘（茜草）的染料植物，显示出当时人们已经掌握染色技术。

这本书里记录的动物种类也很多，包括牛、马、羊、猪、狗、鸡等家畜家禽，还有兔、鼠、狐狸、貉、麋（四不像）、獐、野牛、虎、豹、狼、豺、熊、罴（棕熊）、猱（猕猴）、象、犀等野生动物。另外这本书记录的一种貘，可能就是大熊猫。

这时候天空中的鸟儿也很多，除了常见的雀（麻雀）、鹊（喜鹊）、乌（乌鸦）、玄鸟（燕子）、黄鸟（黄莺），还有鹭、鹤、鸤鸠（布谷鸟）、雎鸠（鱼鹰）、鸿（鸿雁）、雁（豆雁）、鹳、雉（环颈雉）、翟（白冠长尾雉）、凫（野鸭）、鹈（鹈鹕）、桑扈（蜡嘴鸟或青雀）、鹑（鹌鹑）、鸨（大鸨）、鹰、鸮（猫头鹰）、鹥（鸥）等。

爬行动物有龟、鳖、蜴（蜥蜴）、虺（毒蛇）、鼍（扬子鳄）。

鱼类有鲤、鲂、鳟、鲦（小白条）、鳣（中华鲟）、鲔（白鲟）、鲨和嘉鱼等。

此外，还有许许多多的昆虫。

仔细计算一下，《诗经》总共记录了140多种植物，100多种动物（这只是众多说法中的一种），展现了当时黄河中下游的生物界的情况。通过诗歌的传播，动植物学科学知识得到有效的普及。

人们读着"关关雎鸠，在河之洲""黄鸟于飞，集于灌木，其鸣喈喈"这样优美的诗句，好像身临其境，自然就了解到许多有用的科学知识。

小知识

　　新石器时代的一些器物上就有各种动植物的图纹。例如浙江河姆渡遗址出土的陶器上，出现了鱼、鸟、鹿、猪、狗、壁虎、青蛙、娃娃鱼，以及水稻、车前草、眼子菜等纹样。

　　青铜时代的甲骨文里，有虫、蚕、蝗虫、龟、蛇、马、牛、象、熊、猴子等形象。

《诗经》里记述的丰富动植物，透露了什么环境科学信息？

神医华佗的故事

关云长刮骨疗毒，曹孟德开颅手术

读过《三国演义》的人，谁不知道神医华佗？

关于华佗的医术，书里有两个生动的故事。

一个是给关羽刮骨疗毒的传说，虽然不太可信，但是十分精彩。

关羽曾经被一支毒箭射中臂膀，伤口虽然愈合了，但是每到阴雨天，还是隐隐作痛。华佗建议切开臂膀，刮掉骨头上的毒药，不过担心他受不了，打算把他的手臂绑在柱子上再动手。

关羽说："这没什么，您动手吧。"

他好像没事儿人一样，一面下棋喝酒，一面伸出手臂给华佗用力刮。

治疗很快结束了，他觉得和平时一样。他非常感谢华佗，称赞华佗的医术高明极了。

这个故事虽然带有浓厚的传奇色彩，却表明华佗是名副其实的神医。

另一个故事却是真的。

曹操得了一种头风病，每次发作，头都会痛得难以忍耐，很多医生都治不好，曹操就请华佗治疗。华佗只给他扎了一针，头痛就立刻止住了。曹操非常高兴，要他留在身边随时给自己医治。华佗才不愿意像仆人一样跟随他呢，坚决告辞回家了。后来曹操几次找他都被拒绝了，气得曹操派人把他抓到跟前，要他马上给自己治病。

华佗看后说："您的病已经非常严重了，必须使用麻沸散麻醉，再剖开头颅动手术，才能除去病根。"曹操一听就发火了，认为华佗要谋害他，就把他关进监狱杀害了。

唉，曹操的心眼实在太多了。这就是一个开颅手术嘛，放在今天非常平常，何必疑神疑鬼呢？开颅用麻醉药，也是符合正常操作规程的。曹操无情地杀掉了这位人人敬佩的名医，实在太残暴了。

请注意，华佗说的麻醉药是麻沸散。这是什么药？

作为外科医生的华佗，必定对这种药的配方有详细记录。在他被处死的时候，他把一本珍贵的《青囊经》交给狱卒。狱卒悄悄把它带回家，而他无知的妻子一把火把书烧掉了。麻沸散的配方就在里面，谁知道其中有些什么成分呢？

麻沸散到底有些什么成分？后来人们猜测，可能其中含有曼陀罗花或者羊踯躅，再加上别的药剂，它们都有一定的麻醉作用。是不是这样，就难以查明了。可是不管怎么说，麻沸散都是世界上最早的麻醉药。华佗在普外科、脑外科，以及麻醉学方面的重要贡献，是谁也不能抹杀的。

作为外科医生，华佗对强身健体也很注意。他模仿老虎往前扑，鹿转动脖子，熊卧倒又站起来，猿用脚尖纵跳，鸟儿展翅飞翔，创造了一套被称为"五禽戏"的医疗体操。它能使人全身肌肉、关节舒展，血脉流通，是最早最系统的健身体操。

华佗不明不白被谋害了。他的医学著作真的随着一把火被烧得干干净净了吗？

也不是的。他的许多好学生，继承了他的事业。其中一个以针灸出名的樊阿，还有《吴普本草》的作者吴普、《本草经》的作者李当之，把他的一部分经验继承下来，保存了他的思想。《隋书·经籍志》里的《华佗枕中灸刺经》一卷（已失传），以及《医心方》里引用的《华佗针灸经》（可能是《华佗枕中灸刺经》的佚文），可能也包含他的一些宝贵经验。

小知识

据说，战国时期一位名医曾经使用"毒酒"麻醉，给两个心脏病患者做了心脏对换手术。可惜后人不知道这种"毒酒"的成分，也没有更加确切的文字记载。要不，我国古代对麻醉剂的研究历史要早得多。

铜人身上的针眼儿

一针一针又一针，扎着模型找原因

瞧，这儿有一个铜人。

这个铜人会走路吗？是不是科幻小说里来自银河深处铜星球的外星人？是不是神秘的机器人？

不，不是的。这是北宋仁宗天圣五年（公元 1027 年）铸造的人体模型。

猛一看，这个铜人和真人一样高，却又和真人不一样。它的胸膛和背部可以打开，显露出里面的五脏六腑。

请问，你的胸口和肚皮可以随便打开，让医生看吗？只冲着这点，它就很了不起。

说它仅仅是人体模型，用来让人们看一看肚皮里面的稀奇之物，又不对了。仔细一看，它的身体表面还有许多小小的针眼儿，上面标明了穴位名称。孔穴里面装着水，表面用黄蜡封严，如果用尖尖的针一刺，里面的水就流出来了。

啊，原来这是一个学习针灸的人体模型呀！学习者看准穴位刺下去就

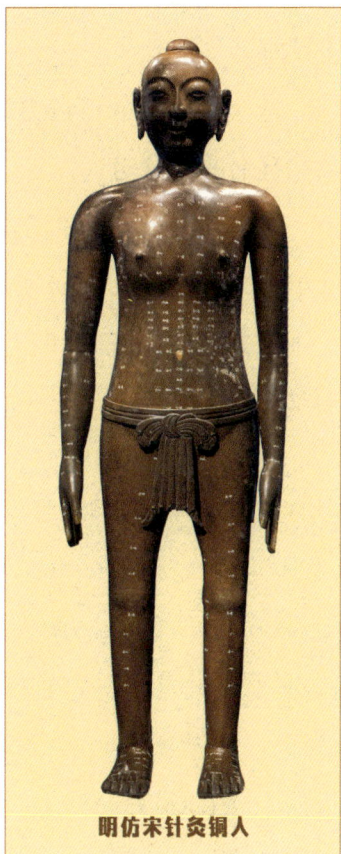

明仿宋针灸铜人

47

能练习针灸技术。

针灸铜人是中国古代的一大发明。明代一个名叫"明正统铜人"的稀世珍宝，在八国联军侵华的时候被掠夺，至今还被陈列在圣彼得堡博物馆里，不知什么时候才能回归祖国。

针灸是中国古代医学的一朵奇葩，现在已经流传到世界各地，治好了许多顽固疾病。外国人看得目瞪口呆，连声赞叹，称中国来的针灸医生是"东方活神仙"。

这个神仙般的奇迹是怎么来的？说来也很难使人相信，想不到它竟是原始社会的"发明"。

远古时期的人们生活在密密的丛林里，身边到处都是带尖带刺的东西。人们偶尔被一些又尖又硬的东西碰一下，想不到身上原本存在的一些疼痛一下子减轻了。他们发现了这个秘密，就用尖利的石块来刺身体的一些部位，解除自身的痛苦。

改变历史的中国古代科技 数学 物理 化学 生物

这种原始的针刺工具，就是古书上常常提到的砭石，出现在距今8000—4000年的新石器时代，为氏族公社制度的后期。

这样的治疗办法还不够。人们在用火的过程中，发现用火焰灼烧烘烤也可以缓解或解除疼痛，于是用兽皮或树皮包裹烧得滚烫的石块、沙土敷在身上有病痛的地方，或者点燃树枝和干草烘烤身体。经过长期摸索，人们发现易于燃烧、气味芳香的艾叶的作用最好，于是用它和针刺相配合，形成了后来的针灸疗法。

为什么针灸能够治病？是从经络的观念来的。古人发现人体有一些纵贯全身的经脉，还有一些分支的络脉，两者组合起来，形成了遍布全身的经络系统，其中有许多特殊的穴位。人们要治病，只消找准了相关的穴位，用针灸的办法一般就能手到病除。

咦，小小一根银针就能治病，到底是什么原因？

原来针灸身上不同的穴位，可以诱发大脑的特定区域活跃起来，通过神经调节生命中枢，进一步调节各种器官的功能，引起生理机能的变化，就能达到治病的目的。

小知识

　　拔火罐也是一种传统中医疗法。它是将罐内灸烤使罐内空气变热变稀薄后，急速将罐子盖在身体患处，形成负压，吸拔体内湿气的方法。一些疾病也可以通过这种方法得到治疗。

世界上现存最早的系统法医著作《洗冤集录》

冤案到底冤不冤，全凭一双法眼断

冤哪！冤哪！

许许多多受害人临死还睁大眼睛，无声地向天地控诉。天苍苍，地茫茫，谁能为不幸的死者申冤雪恨？

一个个法医站出来了。法医的神圣职责，就是检验死者和伤者的伤情与死因，维护严肃的法律，为受害者申冤。

古代有法医吗？

有呀！只不过他们不叫法医，叫仵作，就是官府中检验命案死尸的专业人员。古代规定，案件发生后，必须由他们亲自前往现场勘查，检验死伤，取得第一手资料。要不，怎么能够公正判案？

仵作这个名字不好听，清代末年改名为检验吏，现在才正儿八经叫法医。从仵作到受到人们尊敬的法医，不仅是名称的变化，还表现出人们对他们工作的正确评价。

让我们回过头来，再看看古代法医的工作成果吧。翻开历史书看，我国早在周朝就有这样的职业了。《礼记·月令》就记载了古代法医观察伤势、判断死伤原因的工作内容。1975年湖北省云梦县睡虎地出土的秦代竹简里，也有怎样判别自杀或他杀的记载。

古代法医的经验越积越多，于是一本本专门的著作出现了。其中最全面、系统的是南宋时期宋慈写的《洗冤集录》。宋慈曾经在执法检验的过程中，积累了丰富的经验。说他是古代"福尔摩斯"，一点也不错。

这本书有厚厚的五大卷，包括人体解剖、尸体检验、现场勘查、死伤原因鉴定、各种毒物中毒急救和解毒方法等方面的知识，具体包括如何验尸、验骨、验坏烂尸，还介绍了辟秽方、救死方，以及区分自缢、勒死、溺死、烧死、汤泼死、服毒死、病死、受杖死、跌死、塌压死、外物压塞口鼻死、硬物瘾痣死、牛马踏死、车轮拶死、雷震死、虎咬死、蛇虫伤死、酒食醉饱死、杀伤等许多死伤原因的方法，内容非常全面。从南宋直到清代，它都是法医的重要参考书。它是世界上第一部系统的法医著作，现在被翻译为许多国家的文字广泛传播，得到国际法学界的高度评价。

宋慈是怎么写成这本书的？和他破除世俗观念的决心、认真负责的态度分不开。

唉，法医的工作这么重要，想不到古时候却受到众多人的歧视。

为什么这样？因为他们老是和尸体打交道，不仅很辛苦，也很恶心呀！法医在现场检验了一具腐烂的尸体后，没准儿回家饭也吃不下去。所以这项工作往往都由地位低下的人去干，他们看完后向法官报告就得了。

宋慈不嫌脏、不怕累，怀着一颗对受害者负责的心，亲临现场认真检验死伤，才积累了这么丰富的经验，探索出许多办法来鉴定死伤原因是自杀还是他杀等，最终写出了这本来源于实践的著作。

他说："狱事莫重于大辟，大辟莫重于初情，初情莫重于检验。"他在几十年司法官吏生涯中，一贯坚持"审之又审，不敢萌一毫慢易心"的态度，不放过一个疑点，认真追查到底，为老百姓平反申冤，做了许多好事。不论这本书还是他这个人，都非常了不起。

小知识

中国古代的法医著作有很多，在《洗冤集录》以前，还有南北朝时期的《明冤实录》（已失传），五代时期的《疑狱集》，北宋时期的《内恕录》《平冤录》《检验格目》，南宋时期的《折狱龟鉴》《棠阴比事》等，但不是没有流传下来，就是不如《洗冤集录》系统。

以毒攻毒治疗狂犬病

菜花黄，疯狗狂，小心被咬把命丧

菜花黄了，田野里的疯狗越来越多了，不小心被疯狗咬一口，可不是好玩的。

狂犬病是一种由狂犬病毒引发的非常古老的传染病，不管是人还是动物都会被感染。人被携带狂犬病毒的疯狗咬后得了狂犬病，如果不及时采取正确方法治疗，弄不好会有生命危险。

我们的祖先早就知道这回事了。春秋时期的《左传·襄公十七年》里有这样一段记录：<u>"国人逐瘈狗。"</u>"瘈狗"就是疯狗。可见当时人们已经知道它的危害，见着它，就要赶走它。这是我国最早，也是世界上最早有关狂犬病的记载。

战国时期的《吕氏春秋》说，当时郑国有一个叫子阳的人就是被疯狗咬后发病死的。

从西汉时期的马王堆汉墓出土的帛书《五十二病方》中，把狂犬啮人和"犬噬人"分开记述，说明当时的人们对狂犬病已经有深刻认识。

狂犬病一般发生在什么时

小知识

天花是古代一种可怕的流行病，夺去了许多人的生命，有人即使幸存下来，常常也会变成"大麻子"脸。据说，清代的顺治皇帝也是患天花而死去的。后来人们发明了种痘的预防方法，才遏制了它的发展。

53

候？民谣说："油菜花开，癫狗要来。"

油菜花在初春开放，田野里一片金黄色。这时候疯狗很容易发病，去咬伤人或其他动物，引起狂犬病流行。

为什么这时候容易发生狂犬咬人的情况？很可能和气候冷暖变化无常有关系。一年的初春和初秋时，天气很不正常，一些看家狗就会忽然发病，到处跑来跑去咬人。

这些疯狗拖着尾巴，吐着舌头，嘴里流着涎水，两只眼睛发直。这时候，这些原本很温驯的狗突然变了样子，飞快地在田野里到处乱跑，瞧见什么就咬什么，不管是生人还是熟人，甚至连自己的主人也不认识了，喘着粗气张开嘴就咬。它们连身材高大的牛马也敢攻击，真是名副其实的疯狗。

这些疯狗很危险，人们被它们咬一口就会感染狂犬病。

古时候医疗不发达，人们说起狂犬病就吓得要命，认为得了这个病九死无一生。

染上狂犬病该怎么办呢？古人主张以毒攻毒。

东晋葛洪编写的《肘后备急方》里，就有一种对付这种病的方法：谁被疯狗咬了一口，立刻就抓住咬人的疯狗，把它宰杀了，取出它的脑髓抹在伤口上。据说这就是治疗狂犬病的良药。

仔细琢磨这种治疗方法，里面有几分提取病毒制作药剂，推行免疫的意味。谁说古代医疗手段落后？看来古人已经有了预防的思想呢。

小知识

葛洪（约283-363，一说约281-341），东晋著名思想家、炼丹师、医药学家，继承并发展了早期道教的修道炼丹理论，是道教的重要人物。

话说《黄帝内经》

从内看，不从外看，乃是强身之本

中国古代兵法里，最有名的是《孙子兵法》，里面包括十三篇。想不到中国古代医书里，最有名气的也是"十三篇"。这是什么医书？这就是鼎鼎有名的《黄帝内经》。

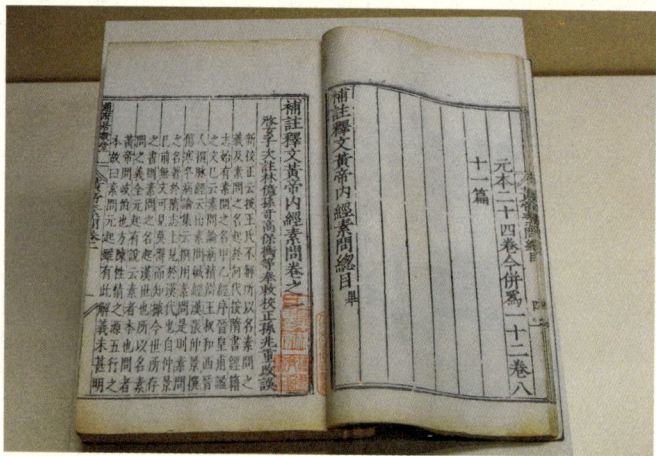

它也写了 13 篇医学理论吗？

不是的，这本书里有 13 个重要的药方，是古代人民长期与疾病做斗争的经验和理论知识的总结，岂不也可以算"十三篇"吗？

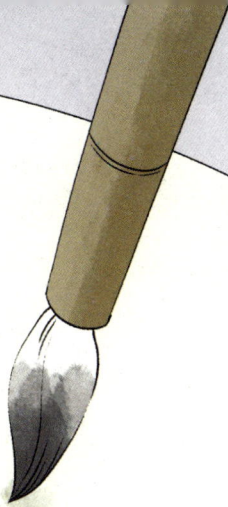

《黄帝内经》是谁写的？是不是远古时期黄帝的作品？

古时一些道貌岸然的老夫子，捋一捋下巴底下随风飘飘的白胡子，一本正经地说："黄帝乃开天辟地以来第一圣人，上知天文，下知地理，无所不知，无所不晓。此乃黄帝与手下岐伯、雷公等臣子讨论医学之文本，一切医学之母也，岂能容许半点怀疑？"

现在一些自以为了不起的人，也摆出"学者"和"卫道者"的架势，说："那还用多说吗？这本书名叫《黄帝内经》，当然就是这位圣人写的。"

要知道，黄帝只不过是一个远古时期传说中的人物。就算真有这个人，他也生活在大约5000年前。那时候属于原始社会，哪有什么成熟的医学观念？实际上这本书的基本内容是战国时期编写出来的。它总结了先秦到战国时期的许多医疗经验和理论，是中国传统医学的经典著作之一。它的价值不在于是谁写的，而在于它的内容。

这本书假托黄帝与手下岐伯讨论医学，用一问一答的方式，解答有关医学的疑问，将科学性、趣味性融为一体，是一部了不起的医学著作，也是一本优秀的科普读物。试问，古今中外哪一本医学专著能够做到这个样子？只凭这一点，它就很了不起。

医书就是医书，为什么叫"内经"？

难道这是专门研究内科的书？

是不是讲人体内在规律的？

难道还有另外一本"外经"不成？

不，不是这样的。书名里的"内"字，正是这本书的精华所在，深刻体现了一种思想。

"内"的意思是说，要健康长寿，不要向"外"求，应该向"内"求，所以它被称为"内经"。

怎么向"内"求？首先要做到"内观"，就是观察自身内部的五脏六腑和气血流动；然后进行"内炼"，通过调整气血、经络、脏腑的方法来达到健康长寿的目的。

　　啊，明白了。一本"内经"说的就是一种正确认识生命的观念和方法，和现代医学的观念与方法有根本的不同。它不是处处依靠仪器、化验和解剖来治疗，而是通过自我调整来达到祛病强身的目的。

　　《孙子兵法·形篇》（"《形篇》"也有写作"《军形篇》"）说："先为不可胜，以待敌之可胜。"说的是首先要加强自己的力量，达到不可战胜的地步，再等待可以战胜敌人的机会。《黄帝内经》讲究首先加强自身抵抗力，也是同样的道理呀！

小知识

　　《黄帝内经》除了关注人体内部的健康因素，还与天文学、历算学、生物学、地理学、人类学、心理学联系起来，并运用阴阳、五行、天人合一的理论，讲究人体和自然环境的相互融合。

　　《黄帝内经》是科学著作，应该深入发掘其中的科学成分，坚决抵制用它来宣扬封建迷信的行为。

"医圣" 张仲景

瘟疫流行的时代，走出一位好医生

东汉末年，到处混战，民不聊生，一位医生静悄悄地从河南南阳走了出来。

他是谁？他就是张仲景。

说起医生，我们并不感到稀奇。挂牌自称祖传名医或走街串巷的江湖医生多得是，为什么专门要说这个人呢？

每个人都有自己的人生道路，张仲景选择这条从医的人生道路是有原因的。

请看那时候的社会现象吧。

那正是《三国演义》开篇描写的时代。连年不断的混战，人民颠沛流离，到处瘟疫流行，中原许多地方成为一片荒野。据一本古书描述，"家家有僵尸之痛，室室有号泣之哀"，不知道死了多少人，张仲景的家族也不例外。

值得注意的是，从汉献帝建安元年（公元 196 年）起，十年内有一大半的人死于传染病，其中伤寒病就占了 70%。

这是一段令人难忘的苦难岁月，这就是一位伟大的医学家出现的时代背景。请听他自己说的话吧。

他在呕心沥血写出的《伤寒杂病论》里说："**感往昔之沦丧，伤横夭之莫救。**"这话表达的是他对紧迫形势的叹息，对无法救治的死者的痛惜。一位医生怀着这样的情感投身医疗事业，主攻当时对社会影响最大的伤寒病，必定能够取得成就。

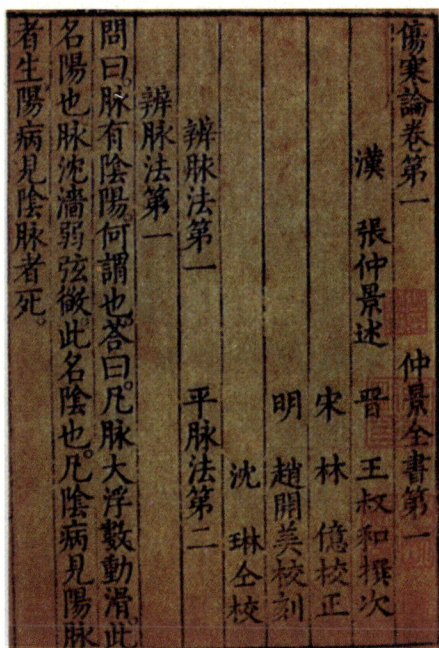

由于生活在这样的环境里，他从小立志做一位解脱人民疾苦的医生。为了达到目的，他一面跟随名医学习，一面收集大量资料，对伤寒病的认识越来越深刻。

他不是死读书的书呆子，通过自身实践，积累了丰富的临床经验，开创了一套科学系统的治疗方法，研制出大量有效的方剂。他采用辨症的望、闻、问、切的手段，辨明阴、阳、表、里、寒、热、虚、实等各种不同症状，再针对实际情况，用汗、吐、下、和、温、清、补、消等治疗方法，医治不同的疾病。

经过长期刻苦钻研和临床实践，他收集了许多方剂，写出《伤寒杂病论》这部后世人们学习中医必备的经典著作，因此他被尊称为"医圣"。

小知识

伤寒病又叫肠热病，是一种由伤寒杆菌引起的急性传染病，有发热、腹痛、腹泻、恶心、呕吐、休克等症状。

张仲景有什么特殊贡献？

"药王"孙思邈

传奇百岁老人，自身诠释医学

秦岭太白山里有一位神秘的白胡子老道士，谁也不知道他的真实年龄。有人说他 101 岁，有人说 120 岁，有人说 131 岁，有人说 141 岁，甚至还有人说 165 岁或 168 岁呢。

哦，他实在太老了，没准儿连他也忘记了自己的年龄吧？不过有一点可以肯定：他出生在南北朝西魏时期，经过隋文帝、唐太宗的时代，一直活到唐高宗永淳元年（公元 682 年）才静悄悄地去世。不管怎么说，他也是人间罕见的百岁老人。

只是年纪大还不稀奇，更加值得一提的是，他还是一位了不起的保健医生呢。

他是谁？

他就是有名的"药王"孙思邈呀！

关于他，当时流传着许多真实的故事。有一次，唐太宗慕名约见他。那时候他的年纪已经很大了，但容貌气色、体形步态似乎都还很年轻，看起来还像小伙子。唐太宗感叹说："谁说世间没有神仙，他就是一位活神仙呀！"

为什么他这个样子？因为他有一套保养身体的好方法，可以总结为一条条经验：发常梳、目常运、齿常叩、漱玉津、耳常鼓、面常洗、头常摇、腰常摆、腹常揉、摄谷道、膝常扭、脚常搓、常散步等。这些连起来，说的就是常常扭扭脖子、扭扭腰，活动一下膝盖，搓搓脚，按摩头部穴位，揉肚皮，再加"眼睛操""牙齿操""舌头操"，坚持散步不动摇。

啊，这岂不就是做体操吗？天天做体操，当然身体好。

这位孙老先生认为，只是做体操还不够，还得静心养性，顺应天道变化的自然规律，使自身和自然融合在一起才能够达到强身健体的目的。

他说的这一套都是保养身体的方法。保健医生就是保健医生，为什么称他为"药王"？

孙思邈的医术也很高明，一生不知治好了多少危重病人。他还亲自进山采药，对药材很有研究。他对前人的成就也认真钻研，学习和发扬《黄帝内经》关于脏腑的学说，补充发展张仲景的《伤寒论》，是一位名副其实的大医生。

孙思邈提出了医生诊病的基本态度："胆欲大而心欲小，智欲圆而行欲方。""胆大"说的是应该有自信心，"心小"说的是对待病人应该仔细谨慎，"智圆"说的是应该机动灵活，"行方"说的是不贪名利。这都是做医生应该遵守的原则。一句话说到底，就是要讲求医德，对病人高

度负责。他还提出对待病人应该不分"贵贱贫富，长幼妍蚩，怨亲善友，华夷愚智"，也就是应该一视同仁。他认为"人命至重，有贵千金，一方济之，德逾于此"，所以他把自己毕生精心编著的两本医书，取名为《千金要方》和《千金翼方》，合称为《千金方》。"千金"二字重如千斤，可不是 1000 元那样的"千金大红包"。孙思邈不愧是古今一流的名家，说他是"药王"，一点也不错！

小知识

　　孙思邈的《千金要方》对后世医学，特别是方剂学的发展具有重要贡献，对日本、朝鲜的医学发展也有很大的影响。《千金翼方》是他在晚年对《千金要方》的全面补充，特别对治疗伤寒、中风、皮肤病和其他杂病有很大的帮助。

　　按照孙思邈的健身办法，坚持锻炼下去，会有什么收获？

李时珍和《本草纲目》

读万卷书，行万里路，问万千人

请问，"学问"这个词包含着什么意义？人的学问是怎么来的？

哦，这个问题又简单，又不太简单，要一下子说清楚还真的有些费劲呢。

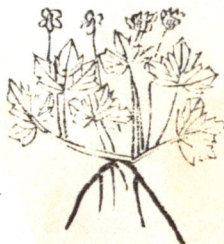

说简单，就是读书呀！人一天天长大，书越读越多，学问也就一天天增长。

真的这样简单吗？那可不见得。如果只顾埋着脑袋死读书，没准儿会钻进死胡同，就算能够摇头晃脑把一本本书背得滚瓜烂熟，也是没有用的。

"学问"这个词儿，绝对不能和死读书画等号。古人说，做学问要读万卷书、行万里路；依我看，还得问万千人。

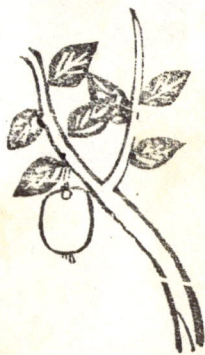

李时珍就是这样做的。他出生在一个民间医生世家，爷爷和爸爸都是医生。因为没有势力，他家老是受人欺负，所以家人叫他去参加考试做官。李时珍对做官没有一丁点儿兴趣，对爸爸说："身如逆流船，心比铁石坚。望父全儿志，至死不怕难。"他坚持要走救死扶伤做医生的人生道路。

　　他开始学习了，啃了一本又一本古代医书。不看不知道，一看吓一跳，想不到许多书里一团混乱，常常一种药被误认为好几种别的药，或者几种不同的药被当成一种药，有的医书甚至把一些有毒的药品当成"久服延年"的东西。

　　啊，这怎么成？医药是用来治病的，可不能随便乱来。为了纠正已有医书中的错误和重新编写医书，他一面拼命读书，搜集各种

各样的资料，一面走向山野和田间，认真采集药草，向老药农打听。为了做好这件事，他脚踏草鞋，身背药篓，带着学生和儿子，走遍祖国名山大川，真正做到了"读万卷书，行万里路，问万千人"。最后耗费 27 年时间，编写了一部《本草纲目》。

这部《本草纲目》总共有52卷，16部，约190万字，收藏药物1892种，真是洋洋大观。

这部书纠正了从前的许多错误观念，并按照科学系统分类，是古代最完整、最科学的一部医药学著作，直到今天都有很大的参考价值。

李时珍的一生，是勤奋学习的一生，也是坚持不懈从

实践中求真知的一生。尽管我们不是医生，但是也可以从他的身上学习到许多东西。

小知识

李时珍（1518–1593），字东璧，湖北蕲春人，明代著名药学家。他的医术很高明，通过自学成才，他进入当时武昌的楚王府和北京太医院。他的代表作有《本草纲目》和《濒湖脉学》。

为什么除了"读万卷书，行万里路"，还要"问万千人"？

不信神的范缜

身体和灵魂共存，身体没有了，
哪儿还有灵魂

世界上有灵魂吗？

人死了，是不是灵魂还存在？它是不是飘浮在身体之外，高高兴兴升进天堂，或者痛苦地沉入黑暗的地狱？

人死了，会不会第二次投胎，变成未来的另外一个人，或者一只猫、一只老虎？

鲜活的现实世界之外，是不是还有另外的世界？是不是生活在那儿的灵魂能够偷偷看我们，我们却看不见他们？

脚踩的地皮下面，是不是还藏着另外一个地下世界？那里是不是阎王爷掌管的阴间，聚集着数不清的鬼魂？

缥缈的白云上面，是不是有一个光明灿烂的天堂？那里是不是有许多长着翅膀的神仙飞来飞去，过着无忧无虑的日子？

从前，道貌岸然的大和尚、道士、巫师都认为有灵魂。他们说了一遍又一遍，说了一代人又一代。这种话说得太多了，于是几乎人人都相信真的有灵魂。

你敢不相信吗？那就等着看别人的白眼吧，弄不好还会掉脑袋呢！

怎么会遭受别人的白眼？

古人说："百善孝为先。"如果谁敢不承认灵魂不死，生命有轮回，

岂不是认为自己的父母死了就死了，不用磕头、烧纸钱，那他不就成了不折不扣的不孝之子吗？如果谁有这种思想，必定不信鬼神，不敬菩萨，他当然会被别人另眼相看。

为什么还可能掉脑袋？

古人说，"皇帝是天子"，皇帝死了当然会升天。如果哪一个皇帝死了，谁敢说他的尸体也像普通人一样会腐烂，那就等着被砍脑袋吧。

哼，别用菩萨和阎王爷吓唬人，1000多年前的一个人就偏偏不相信。

这人是谁？是不是吃了豹子胆？

他就是南北朝时期，历经南方齐、梁两朝的范缜。那时候，南朝佛教流行，从皇帝到下面的老百姓，几乎没有一个人不信佛，人人都相信灵魂不灭的说法。范缜坚持说真话，处处都遭受人们的白眼。

有一次，笃信佛教的齐朝竟陵王萧子良请客吃饭。不消说，人们在筵席上又大讲灵魂不灭和因果报应。范缜毫不客气地发言反对。竟陵王很不高兴，质问他："你不信因果报应，世界上怎么会有富贵贫贱的差别？"

范缜说："这好像树枝上的花，被风吹落下来，有的落在席子上，有的落进粪坑里，和因果报应有什么关系？"

竟陵王说不过他，拿他没有办法。

梁朝的开国皇帝梁武帝萧衍特别迷信，整天求神拜佛，号称"菩萨皇帝"。在皇帝的带领下，迷信的社会风气发展到顶点。范缜不管这一套，勇敢地发表《神灭论》，批判皇帝亲自提倡的"灵魂不灭论"。

他在这部著作里，用一问一答的方式阐释自己的观点，对迷信的邪说进行无情的鞭挞。

他勇敢地宣称："形存则神存，形谢则神灭。"这用在人的灵魂和身体的关系上，就是说身体存在，灵魂就存在，身体不存在了，灵魂也就没有了。他又用刀刃和锋利程度打比方说，有刀刃才谈得上锋利程度，刀都没有了，还谈得上锋利不锋利吗？

啊呀呀，这个范缜实在太不识时务了，竟敢和皇帝唱对台戏，肯定没有好果子吃。梁武帝一生气，就把他一脚踢得远远的，流放到远方去了。

范缜没有罪。他以大无畏的精神捍卫唯物主义的无神论，值得人们永远尊敬。

小知识

范缜（约 450-515），字子真，南北朝时期著名的唯物主义思想家、无神论者。他一生坎坷，然而生性耿直，不怕威胁利诱。他的哲学著作《神灭论》，继承和发扬了荀况、王充等人的唯物论思想。

改变历史 的 中国古代科技

原始茫茫，宇宙洪荒。

屈原天问问不尽，

无数离奇神话里，

有多少科学成分隐藏？

人道是燧人、神农，

伏羲、女娲，

黄帝、炎帝，

夏禹、商汤，

数不尽的传说人物，

令人无限遐想。

水神共工闯祸了

西边山高东边低，人生长恨水长东

苏东坡站在黄州赤壁江畔吟唱道："大江东去，浪淘尽，千古风流人物……"

李后主在梦中悲伤叹息："问君能有几多愁？恰似一江春水向东流。"

郦道元在《水经注》里记述黄河、长江的流向，不停地写着"河水又东""江水又东"。对于许多中小河流，他也"又东""又东"地说个没完没了。

在中华大地上，为什么大大小小的河流都往东流？其中包含着什么秘密？

古人看见了这个现象，今人看见了这个现象，想不到远古时期的人们也注意到了这个现象。这是怎么一回事？

原始人没法说清楚这个秘密，就编造了一个神话作解释。

据说，从前水神共工和火神祝融争夺领导地位。照理说，水能够克火，可是不知怎么一回事，共工竟被打败了。他气得一脑袋撞向支撑天穹的一根天柱不周山，哗啦啦一声巨响，这根天柱倒了。天地失去支持，天空就

一下子向西北倾斜，所以太阳、月亮和星星都由东向西移动。大地向东南倾斜，所以所有的江河都流向东方。

唉，这真是神仙打3仗，凡人遭殃。天往西倾，水往东流。这个神话故事好像科幻小说，不，它比任何科幻小说都精彩。

为什么这样说？因为这个神话故事在荒诞的外衣里面，蕴藏着一个严肃的事实，包含了一些严肃科学的成分。

小知识

中国地形有三大阶梯。"世界屋脊"青藏高原是最高的第一阶梯，中部黄土高原、内蒙古高原、云贵高原等是第二阶梯，东部平原是最低的第三阶梯。三个阶梯依次由西向东降低，就形成了河流向东流淌的基本格局。

东方盗火者的故事

商伯盗火下人间，燧人氏钻木取火，
"北京人"烧排骨

　　火啊，熊熊燃烧的火，烧着了原始森林，照亮了茫茫黑夜。原始人惊恐地注视着熊熊火焰，把它当作最凶猛的"怪兽"。手持简单石器和木棒的原始人，凭着自身的智慧和勇气，能够制服剑齿虎、独角犀，甚至体形巨大的野象，却不能制服火，在这头红色"怪兽"面前只能四散奔逃。

　　火啊，熊熊燃烧的火，驱散了寒冷，融化了冰雪，烤焦了树枝和泥土，给世界带来了温暖。冷得发抖的原始人望着火，却又不敢一下子贸然走上前去，心中唯有深深羡慕。

　　原始人真的不能降服火吗？那可不见得。请听两个传说吧。

　　据说，天上有一个管理天界火种的神，名字叫作商伯。他的心地非常善良，瞧见人间不会用火，还过着茹毛饮血的生活，十分同情这些原始人，就时不时地偷偷向人间撒下火种。天帝知道了这件事，大发雷霆，把他赶下了天庭。

　　他在下凡的时候，悄悄把一根点燃的蒿绳藏在衣服里，就这样把火种带到了人间。地上的人们有了火，日子过得好多了。想不到天帝发现了这件事，发起大洪水来冲熄火种。商伯连忙指导人们修筑起一个高高的土台，遮盖住火种，不让天帝看见。这样过了七七四十九天，洪水才慢慢退去，人们终于保住了珍贵的火种。人间的历史这才掀开了新的一页，开始了有火的新生活。伟大的商伯是名副其实的中国的盗火者、东方的普罗米修斯。

　　关于火是怎么走进原始人生活的，还有一个尽人皆知的燧人氏的故事。传说是他钻木取火，发明了取火的方法，才把火带进远古人类的生活里。

　　商伯盗火和燧人氏钻木取火，都是不折不扣的神话。火到底在什么时候才走进原始人的生活？要回答这个问题，还要有可靠的科学证据才行。最简单的办法是请原始人自己说话。

　　已经变成化石的原始人，能够开口说话吗？当然不能。可是在他们居住过的遗址里，总能找到一些线索呀。

　　证据找到了。

北京市周口店第一地点发现的猿人使用过火后留下的灰烬

北京市周口店出土的烧骨

　　瞧吧，在周口店第一地点，生活在 70 万—20 万年前，被称为"北京人"（标准称呼应为"北京猿人"）的猿人居住的山洞里，人们发现了 5 个灰烬层、3 个灰堆，以及大量烧过的动物骨头。最厚的灰烬层高达 6 米，可以脑袋连着脚、脚连着脑袋，从上到下掩埋 3 个人。可见这里就是当时的炉灶。人们曾经聚集在这儿，津津有味地啃食过不知多少油汁滴滴的肉排骨，不知度过了多少寒冷的日子。这就清楚地表明，"北京人"不仅懂得用火，而且会保存火种呢。

　　这就是原始人最早用火的证据吗？还不是呢，还有更早的记录。人们在生活在大约 170 万年前的"元谋人"化石发现地也发现了烧骨，表明"元谋人"曾经在这里野餐，这把用火的历史推到了更加久远的远古时期。

　　"元谋人"和"北京人"的火是从哪儿来的？原始人最初是从自然山火和喷发的火山取火的，后来通过钻木取火等方法，逐渐学会了人工取火和保存火种的方法。

啊，可别小看了用火这件事。有了火，人们不仅可以吃熟食，还能保证健康，延长寿命。

说用火是远古时期最伟大的科学发明，一点也不错。

小知识

钻木取火是根据摩擦生热的原理实现的。木头本身就是易燃物，经过摩擦就会发热生火。

海南岛一些地方的黎族人，至今还保留着钻木取火的传统。使用弓木（或钻杆），在钻火板的钻孔里迅速飞钻，边钻边往孔内吹气，不用多久就会使孔内的火绒、枯树叶、芭蕉根纤维、木棉絮等引燃物冒烟燃烧。这种古老的取火方法，已经被列入国家级非物质文化遗产名录。

为什么中国和外国在古代都有盗火者的神话？这些神话背后有什么真实的历史影子？

神农礼赞

他教民耕种，他品尝百草

啊，神农，传说的中国农神！

感谢您教会了人们种庄稼，带领原始人一步步改善生活。人们从在森林里到处流浪、可怜巴巴的"野人"，变成了有房子住、有稳定生活的"农民"，再也不用东游西荡，从此可以安安稳稳把自己固定在一块土地上。往后深入人们骨子里的"故乡"的观念，没准儿就是这样慢慢来的。

哦，难道不是这样吗？

往昔漫长的蒙昧时代里，人们只会摘野果子吃，一个林子里的果子吃完了，再到另一个林子。这样的生活简直和猴子的生活一样。

那时候，为了增加食物的来源，人们竟敢握着简陋的石斧和棍棒，冒着生命危险追逐凶猛的野兽。不是我抓住你，吃掉你，就是你吃掉我。在这样的生死搏斗中，人们用自己的鲜血换来血淋淋的兽肉，岂不也和野兽的活法差不多？

是您啊，神农，带领人们逐渐改变了这一切。也许受到野生谷物的启发，您开始想何不从采摘转变为种植？自己为自己准备食物，不用依赖大自然的恩赐。这样，人们才慢慢摸索并制造出了最简陋的农具，学会了在原野里播种，耐心等待收获季节的到来。

从采摘到种植，是多么重要的转变，它使人们有了稳定的生活。难道这不是了不起的科学思想，不能算伟大的科学发现吗？

啊，神农，传说的医药之神！

在那百病丛生的远古时期，病魔不知夺去了多少人的生命。人们只有听任病魔摆布，毫无反抗的能力。

您也许无意中发现某种植物有止血、止痛的功能，开始琢磨，寻找治

病的药物。那时候到处是茂密的原始森林，密密匝匝生长着各种各样的植物。要在这一大堆植物中找出什么植物才能治病，可不是容易的事情。为了寻找药草，您不顾自身安全，亲自品尝百草，传说曾经在一天里中了70次毒。就这样，您终于发明了医药，达到治病救人的目的。后来的白衣天使的精神都无限崇高，这种精神就是从您的身上开始体现出来的。

请问，难道这不是一种科学思想的体现，不是一个伟大的科学发现吗？

小知识

神农，又被称为神农氏，传说是远古时期的一个领导者。神农就是神农，可以是一个人、一群人，但加上一个"氏"字，变成神农氏，似乎就是一个具体的人物了。只不过这是传说中的人物，是中国原始社会由采集渔猎向农耕生产过渡阶段的一个代表人物。有没有这个具体的人很不好讲，可能真有这么一个人，也可能这是许多人的集合体。可以说，这是一个时代的象征。

我们怀念神农，是对一个时代的怀念。我们尊敬神农，是对一个时代的尊敬。从蒙昧的传说里，寻找出了科学发展的足迹，这才是最重要的。

神农氏到底是一个具体的人，还是一个时代人们的概括？为什么？

真实的神农故事

南方有水稻，北方有粟黍

神农是传说中的人物，那关于神农的传说里有没有真实的痕迹？

有呀，神州大地上一处处原始农业遗迹，就是神农时代的真实记录。

请听考古学家的报告吧。

哎呀！可了不得，想不到在距今1万年以上的湖南道县玉蟾岩，江西万年县仙人洞、吊桶环等许多遗址里，考古学家竟然发现了水稻。稍微晚一丁点儿，时间为公元前7000—前6000年的湖南澧县彭头山遗址，在红烧土和陶器坯料或破碎的陶片中间考古学家也发现了稻谷壳。

这是什么稻谷？是不是大自然老人布下的疑阵？它和人类活动有没有关系？

考古学家仔细研究后说，这不是野生稻，而是货真价实的栽培稻。那时候，人们已经学会把野生稻驯化成为人工栽培作物，这就是神农时代的证据吧。

时间默默流逝，到了六七千年前，水稻越来越多，种植技术也一直在进步。在浙江余姚河姆渡遗址发现的稻谷，是一种特殊的粳稻，比最初的稻谷好得多。和粳稻一起出土的，还有用鹿骨和水牛肩胛

85

骨加工成的骨耜。这是一种种田的工具，绑上木柄就可以用来挖沟和翻土了。除了这些稻谷、农具，遗址中还有许多猪、狗和水牛的骨头。水牛是用来耕田的，狗看家，猪的肉可以烤着吃。人们开始饲养家畜了，小日子过得怪美的。

时间又推移到5000年前，长江下游的良渚遗址出土了当时制作的许多石犁铧。这是做什么用的？考古学家说，这是一种水田耕作工具呀。这么多的发现，表明原始水田农业已经发展到了一个新阶段，比河姆渡时期还先进。

良渚文化的成果还不止这些呢。那时候在江南地区种桑养蚕也出现了。

噢，想不到早在几千年前，人们就端起粗糙的陶碗吃白米饭了，没准儿还有蚕丝做的衣服穿在身上呢。

南方有水稻，北方呢？

尽管北方没有水田和水稻，可也有发达的原始农业。要知道，神农的故事就是在北方中原大地传播开的。

在距今8000—7000年的遗址中，河南中部裴李岗遗址有众多农具出土，河北武安磁山遗址出土了大量窖藏粟，甘肃秦安大地湾遗址有最早的栽培

原始农业文明

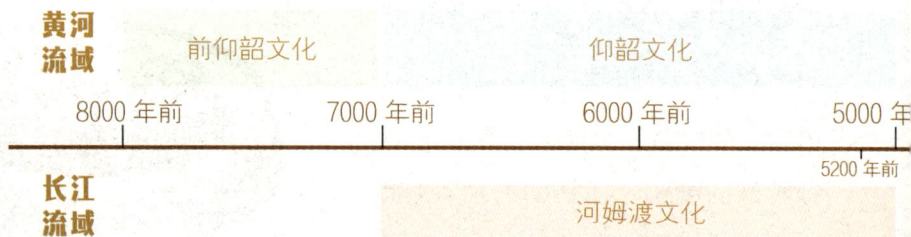

黄河流域	前仰韶文化		仰韶文化	
	8000 年前	7000 年前	6000 年前	5000 年前
				5200 年前
长江流域		河姆渡文化		

黍出土。这些都属于"前仰韶文化"阶段，推动了以关中、豫西、晋南一带为中心的仰韶文化的发展，以及随之而来的黄河流域农业文明。

在距今7000—5000年的仰韶文化遗址中，出现了面积达到几万、十几万乃至上百万平方米的大型村落，其中种植了大面积的粟黍，人们还发现了蔬菜种子。加上猪、狗、山羊、绵羊和黄牛遗骸的发现，可见，当时的养畜业更加发达了。

在距今4600—4000年的龙山文化阶段，农具有了很大的改进，粮食多得需要建造仓库储存了，"六畜"已经齐备了。

小知识

在黄河流城，原始农业文明大致可以划分为前仰韶文化、仰韶文化、龙山文化三个阶段，分别距今8000—7000年、7000—5000年、4600—4000年。长江流域的原始农业文明，大致可以划分为河姆渡文化、良渚文化、屈家岭文化三个阶段，分别距今7000—5000年、5200—4200年、4600—530年。

? 仔细比较原始农业文明和有关神农氏的神话，是不是可以找到其中的联系？

龙山文化

| 年前 | 4000 年前 | 3000 年前 | 2000 年前 | 1000 年前 | 530 年前 |

4200 年前

屈家岭文化

者文化

会飞的"手指"

2.8万年前发明弓箭的，
是"老王"还是"老张"

弓箭是谁发明的？

传说是张家的老祖宗发明的。

谁不相信，就请到张家祠堂去看看吧。祠堂里挂着一副非常显眼的对联：

"弓力千钧东风劲，长空万里北斗明。"

啊，这是赞颂弓箭的呀！

为什么天下姓张的，要把弓箭和自己的老祖宗联系起来？有一个传说。

据说黄帝在位的时候，有一个叫挥的人，是黄帝的孙子，从星象观察中得到启发，做了一张弯弯的弓，搭上一支细细的箭，就这样发明了弓箭。后来颛顼继位，由于射箭要张开弓，就将"张"字赐姓给他，挥就改名为张挥。张家人就这样一代代发展下去。不消说，张挥是弓箭的发明人，也是张氏得姓的始祖。

改变历史的中国古代科技　数学　物理　化学　生物

真是这样吗？当然不是的。这是姓张的人自己的想象，事实可不是这样。张家人的故事不足以相信，再找别的根据吧。

找呀找，在一本古书《吴越春秋》里找到一点线索。书里说**"弓生于弹"**，弹指弹弓。在甲骨文中，"弹"字活像拉丁字母"B"，就是张弓的象形。

弓弦中央有一个盛放弹丸（一般为小石子）的皮囊，这就是古时候流行的弹弓。后来经过一步步发展，人们才用箭代替弹丸，有了真正的弓箭。

这个说法对吗？也有许多猜测的成分。科学不相信猜想，要有真凭实据才行。

真正的证据终于出现了。

1963年，在山西朔州西北部峙村附近的黑驼山脚下，考古学家发现了一处约2.8万年前的旧石器时代遗址。和"峙峪人"的一块破碎枕骨残片相伴的是一个加工精细的小石镞，它是用很薄很长的石片制成的。仔细观察，它有很锋利的尖端、对称的边缘，明显是一个箭镞。另一端左右两侧微微

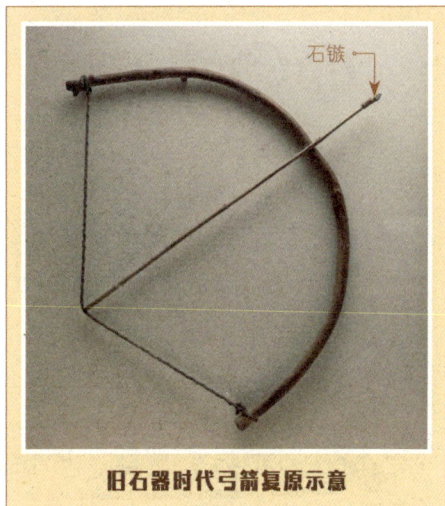

石镞

旧石器时代弓箭复原示意

89

内凹，好像是用来安装箭杆的。

啊，这就是一支箭呀！经过时光的长期磨蚀，用木头和皮筋分别做成的箭杆和弓必定早就腐烂得无影无踪了，仅仅留下这个箭镞。凭着这个小的箭镞，我们就可以判断弓箭是在这个时候出现的。这可不是什么"老王""老张"的发明。那时候人们压根儿就没有姓氏，就连传说中生活在5000年前的黄帝也还没有影儿呢，张家祠堂里的那副对联只能算张家的自我陶醉，谁会相信这档子事？

从1922年开始，在围绕着鄂尔多斯高原的陕北、内蒙古、宁夏等地的旧石器时代晚期的"河套人"遗址，也出土了许多加工精细的石镞。陕西大荔县的中石器时代沙苑文化遗址里，和"大荔人"化石一起出土的这种作为箭头的石镞就更多了，那时已经完全进入了"弓箭时代"。

弓箭的发明，开创了一个崭新的时代。有了弓箭的原始猎人，仿佛能伸长手臂，隔得老远就射中猎物，不必冒着生命危险和凶猛的野兽近身搏斗了。难怪人们说，这是会飞的"手指"。

小知识

中石器时代是考古学家假定的一个时代，大约在1万年前，是旧石器时代和新石器时代之间的一个极其短暂的时期。普遍使用弓箭，就是当时文化的主要特征。由于时间很短，我国的中石器时代遗址不多，除了大荔县沙苑遗址，还有河南许昌灵井遗址，显得特别珍贵。

发明了弓箭，原始人的生活会产生什么样的改变？

形形色色的原始房屋

拜访上古人们的家，不由得十分惊诧

天黑了，原始人也要睡觉。他们住在哪儿？

最早的原始人和猿猴差不多。猴子住在树上，许多原始人也住在树上。远古时期有巢氏的传说就是这样来的，留下深深的原始社会的烙印。所谓有巢氏，并不是一个真实的人，而是一个时代的象征。后世有的腐儒戴着封建伦理的有色眼镜看待一切，咬着笔杆东考证西考证，居然把"他"尊称为"先王"，当成圣贤之一。哈哈哈，世界上有这种猴子一样的"王"吗？如果真的是什么"王"，就是"猴子王"。

嗯，说有巢氏是"猴子王"也太损了。那是原始社会的一个阶段，说"他"是生活在森林里的一个个原始群的头领，才符合"他"的真实身份。

原始人只住在树上吗？那也不见得。

最早的原始人和野生动物差不多。有的野生动物住在山洞里，一些原始人也住进同样的山洞。有名的"北京人"，标准称呼实际上是"北京猿人"，其遗留的头盖骨化石和文化层，就是在北京周口店的洞穴内发掘出来的。这儿还有生活时代晚些的"山顶洞人"。一听他们的名字，就知道他们的家在哪儿了。广西有大面积的石灰岩山野，这儿的"柳城巨猿""柳江人""白莲洞人""九楞山人"等原始人遗址，统统是在石灰岩溶洞里被发现的。

原始人一天天开化，不再像猴子一样生活，再也不愿意住在漏风漏雨的树上和冷冰冰的山洞里了，要改善一下居住条件才好。

到了新石器时代，原始农耕时期，一座座像模像样的房屋终于出现了。由于自然环境的差别，北方黄河流域和南方长江流域的房屋不一样。

西安附近的六七千年前的半坡遗址，是一个母系氏族社会繁荣时期的原始村落遗址。它的居住区里有 46 个房屋遗址，都是半地穴式的房屋。修建的时候，先在地上挖一个圆的或者方的坑，在坑里竖起一根根柱子，再用树枝和别的材料，沿着坑壁建起围墙（有的还在墙上抹一层泥增加固性），最后架上屋顶，就造成一座座房屋了。屋内有灶坑，可以煮东西吃，也可以取暖。不消说，这样的居住条件就比有巢氏和"北京人"先进得多。

为什么这种房子一半在坑里？这是为了避风避寒呀。

坑里有湿气，住在里面不会得关节炎吗？

放心吧，人们先在坑里抹一层比黄土更容易隔水的黏土，再用火烧的办法，将黏土烧成"红烧土"（"红烧土"是一个考古学的专有名词，其作用相当于今天用来隔水的水泥，可不是"红烧肉"呀），就能更好地隔绝湿气了。这种方法真科学！

南方流域水系很多，浙江河姆渡

改变历史的中国古代科技 数学 物理 化学 生物

遗址的房屋好像踩了高跷，装上一根根"脚"，这样就不怕水淹，也不怕毒蛇和野兽了。

四川西部岷江河谷里的古代蜀族的房屋与众不同，它们是利用当地产的板岩和片岩，一块块、一片片垒造成的"石室"。直到今天，生活在这里的羌族和藏族居民，还用这种办法修造石头房子和碉楼呢。

小知识

一个原始群往往只有几人、十几人，最多不过三十人，是少数人松散组合在一起的群体，处于"人类的童年"——蒙昧时代的低级阶段。原始群和有一定的组织形式和社会生活的原始部落还不一样。旧石器时代早中期的"元谋人""北京人""丁村人"等，都属于这个阶段。

？ 如果你是原始人，你喜欢住什么样的房屋？

大禹治水的绝招

爸爸只会水来土挡，儿子连忙把水放

传说尧在位的时候，天下发了洪水，淹没了许多地方，造成了特大水灾。

哎呀呀，这样大的洪水淹没了许多地方，到处一团糟，人们叫苦连天，不知道该怎么办才好。尧也被弄得焦头烂额，就派鲧去治理洪水，赶快平息这场水灾。

这个鲧是死脑筋，眼看茫茫洪水来势不小，一下子慌了手脚。俗话说"兵来将挡，水来土掩"。他只认"水来土掩"这个道理，心里只有一个堵字，哪里洪水泛滥，他就在哪里筑堤堵水。

说一句公平话，他也是够辛苦的。四面八方的洪水告急消息像雪片一样飞来，他就像救火队员一样跟着到处跑。不消说，为了治理这场洪水，他肯定吃不好，睡不好，汗水流得不少，心情没有一天好。他满脑袋塞的都是怎么修堤坝，才能挡住凶猛的洪水。

唉，想不到洪水太大了，压根儿就堵不住。他吭哧吭哧修了许多堤坝，有的一时堵住了水，就很快又被越积越高的洪水冲垮了；有的干脆就堵不住，

改变历史的中国古代科技　数学　物理　化学　生物

汹涌的洪水一泻千里。他手忙脚乱东堵西堵，水势反倒更加凶猛了。

这时候，尧也下了台。舜接替了尧的工作，上台后就把鲧杀了，派鲧的儿子禹接着治水。

年轻的禹很聪明，吸取了父亲失败的教训，用的办法完全不一样。他想既然堵不住洪水，干脆就因势利导，疏导到处泛滥的洪水，让水赶快流个精光。

瞧，这爷儿俩的办法完全不一样。可别小看了这个"疏"字，这是顺应自然规律的办法。何必像他爸爸一样，耗费那样大的力气，把猛兽似的洪水堵在家里呢？只要疏通了河道，再开挖一些渠道排水，洪水就自然归入河槽，乖乖地一直奔流进东方的大海了。

据说禹耗费了 13 年的漫长时间，治好了北方和南方许多地方的洪水，功劳可大啦。最使人感动的是，他一心一意治水，三次经过自己的家门也不进去。人们非常感谢他，就尊称他为大禹。后来他把天下划分为九州，开辟了我国最早的奴隶制国家夏朝。

人们还传说他驱赶着一条条龙，开通了黄河的龙门和长江三峡，以及其他许多地方的峡谷，排除了危害人间的洪水。普天之下，几乎到处有他的足迹，流传着许多关于他的神奇的治水故事。

大禹治水的区域主要在黄河和淮河下游平原。龙门和长江三峡等峡谷是自然形成的，有人说是他凿开的，那只不过是传说。当时到处洪水泛滥，抗洪的不止他一个人。特别是居住在一些闭塞山区里的南方少数民族也有自己的治水英雄的传说。人们崇拜大禹，把许多功劳算在他一个人的身上，也是可以理解的。大禹是传说中的抗洪英雄，也是一个时代的象征。

大禹和他爸爸治水的故事，有什么教益留给后世？

有的。一个"堵"，一个"疏"，代表了两种完全不同的治水思想。从那以后，几千年来的水利工作，无不围绕着"堵"和"疏"两个字做文章。仔细琢磨这两个字，可以悟出许多道理。

小知识

地质学家和古气候学家已经证实，三四千年前大禹治水的时代是一个全球性的灾变时期，世界上许多地方都有所谓的"创世洪水"发生。远古时期，不仅中国大地上有关于洪水的传说，世界上的其他许多地方也有类似的传说。

古今中外还有哪些治水的故事？

巫师求雨的故事

原始知识分子观天察地，宣告知识就是力量

汤是谁？是传说中的商代第一个首领。如果说商代是早期的国家，他就是中国历史上的第一个国君。

汤是谁？是上古时期的圣贤。人们常常说"尧、舜、禹、汤"，可见他在人们心目中崇高的地位。

汤是谁？也是一位有学问的巫师。

啊？巫师？这个称呼可真不好。谁不知道巫师是"迷信"的代名词？怎么能够和国君、圣贤搅在一起？

请别忙着这样下结论，巫师也有好的和坏的。上古时期的巫师是部落里最有学问的人，凭着知识的力量，带领人们在艰险的生活环境里，战胜一个个困难，将人们引向未来。部落成员十分尊重这种人，把他选举为首领。所以在那个时候，首领和巫师往往就是同一个人。这样的巫师就是不折不扣的原始知识分子，不消说，是好巫师。后来进入封建社会，巫师为统治阶级服务，装神弄鬼宣扬迷信，才变成了坏巫师。

汤是一个好巫师，也是一个好首领。他上台后，遇着一场特大旱灾，接连好几年也不下一滴雨。田地干裂了，没法种庄稼，他就在桑林这个地

小知识

汤是商代的开创者。商代是奴隶制的国家，存在于公元前1600—前1046年，经历了31个国君，最后被周武王推翻。我国最早的文字甲骨文，就是在商代晚期出现的。

改变历史_的中国古代科技 数学 物理 科学 生物

方祭天求雨。为了表示忠诚，他命人把自己绑了起来。如果求不来雨，他就想把自己当作牲口焚烧祭天。

啊，生命多么宝贵呀，怎么能够这样儿戏？万一老天爷真不下雨，岂不把自己的性命搭上了吗？

没想到他跪在地上念叨了一阵，空中便乌云滚滚，果真下了场大雨。人们认为他简直神了，对他佩服得五体投地。"汤祷桑林"这个故事就这样流传下来，成为千古佳话。

这是真的吗？几年不下雨的恶劣气候，经过他祈祷一会儿，怎么会一下子就下起雨来了？难道他真有呼风唤雨的本领不成？

不，这正是汤聪明的地方。根据传说，再仔细对照三四千年前的古气候，我们就会发现，第四纪全新世亚北方期，有一个全球性的灾变阶段，气候特别恶劣，以持续性干旱、突发性的暴雨和由此产生的洪水为特点。汤的运气不好，正好遇着这一时期了。作为部落里的大首领、最有知识的大巫师，他必须解决这个令人头疼的问题。

从这个故事看，他必定有观天察地的经验，具有一定的气象学知识，才敢用自己的生命作赌注，然后掌握好关键时刻，再装模作样地求雨。要不，算错了时间，送掉性命，才不合算呢。

其实他不求雨，一场暴雨也会哗啦啦降下的，他只不过在部落成员前表演了一场好戏而已。这就是原始知识分子引导上古人们战胜自然，步步走出蒙昧时代的最好的例子。

"汤祷桑林"这个故事里的一场雨，是什么性质的雨？你也遇见过这样突然来的一场大雨吗？根据你的经验，这种雨大多发生在什么季节？

戴镣铐的太阳

这不是"蜀犬吠日"，而是"后羿射日"

> ▶ 四川广汉三星堆古蜀文化遗址的泥土里，出土了一个"太阳"。

啊？太阳怎么会藏在泥土里？是不是太阳也会像人一样死去，然后被埋葬在坟墓里？

不，太阳没有生命，怎么会死呢？这不是"死太阳"，而是一个圆溜溜的青铜太阳轮，是三四千年前古代蜀族铸造的。

瞧吧，这个太阳轮向四周伸出五道光芒，外面紧紧包裹着一个密不透风的圆圈，乍一看，活像汽车的方向盘。

哈哈，三四千年前哪有汽车？这就是太阳的真实写照呀。

啊，太阳轮，太阳神的化身！

万物生长靠太阳。人们认识周围的世界，首先从天空开始。高高悬挂在天上、普照一切的太阳，给予世界温暖和光明，赐予万物生命和希望。不消说，原始人的自然崇拜，首先就是太阳崇拜。

啊，太阳，古代四川的太阳！

说起四川的太阳，就不由得想起了"蜀犬吠日"的故事。到四川来的外地人老是有些不习惯：为什么这儿总是整天阴沉沉的，见不着太阳的影子，难得有几个晴天？所以狗见着太阳也觉得很稀奇，会朝着它汪汪叫几声，产生了"狗吠太阳"的闹剧。有一首流传很广的四川民歌，高高兴兴唱道"太阳出来喜洋洋"，充分表现出了这种盼望太阳的特殊心理。

眼前三星堆出土的这个青铜太阳轮，是不是也包含着同样的意思？

许多人也不多想一下就说："当然就是这样咯！这个青铜太阳轮表达了人们太阳崇拜的心理。"一本本书都这样写，一个个老学究都这样说，难道还有错吗？

哼，甭管什么发黄的古书，甭管什么白胡子老学究，他们都错啦！

他们错在不知道古今的太阳不一样。

这可奇怪了，从古到今，天上只有一个太阳，怎么会说现在的太阳和从前的太阳不一样？难道天上的太阳像吊在天花板上的灯泡一样，坏了一个，也可以再换一个吗？

噢，不是换太阳，而是古今的气候不一样。

你不信吗？请你去翻一翻介绍几千年来的古气候历史的书吧。

三四千年前的古气候和现在大不相同。那时候，恶劣的灾变气候几乎笼罩了整个地球，常常连续几年大旱，接着又突然发生一次大洪水，把人们弄得叫苦连天。高山和高纬度地区的冰川也开始运动，几乎没有一个角落不受影响，世界

101

上难以找到一个安静的港湾。全球同此凉热，小小的三星堆也不会例外。

那不是"蜀犬吠日"的反映，而是"后羿射日"一样的心情呀。

神话故事并不都是胡编乱造的。在没有文字记载的远古时期，人们对身边的许多自然现象不了解，只好编一些神话故事来解释。流传很久的"后羿射日"的神话就是其中的一个。

据说，那时候天上有十个太阳，晒得人们实在受不了。大英雄后羿就弯弓搭箭，一口气射下九个，只留一个在天上照亮大地。天上当然没有十个太阳，神话只是表现当时的太阳特别厉害，气候特别热罢了。

三星堆遗址也处在这个时代，干旱同样是令人头疼的大问题。请问，种庄稼的三星堆人会喜欢火辣辣的毒日头吗？如果他们有后羿那样的本领，想必照样会把讨厌的太阳射下来。

现在我们回过头来，重新看一看三星堆的青铜太阳轮吧。知道了古今气候的不同，你还会以为这是在"蜀犬吠日"的情况下，人们产生的"太阳出来喜洋洋"的心理，是人们盼望太阳的焦急象征吗？

不，这不是"盼日"的象征，而是"惧日"心理的具体表现。

把那些不知古今气候不同的老学究，请到火辣

辣的撒哈拉大沙漠里好好"享受"几天日光浴，看他们是不是还会觉得"太阳出来喜洋洋"，坚持这是"太阳崇拜"的象征。我敢拍着胸口保证，他们争先恐后改口也来不及。

让我们再仔细看一下这个青铜太阳轮的结构，好好动脑筋想一想：为什么青铜太阳外面，紧紧围着一个圆圈，是为了把太阳的光芒包裹在里面？圆圈好像套在身上的枷锁，是为了不让太阳的热力尽情散发出来，这是一个不折不扣的戴镣铐的太阳。

啊，这也和"后羿射日"一样，包含着同样的心理——人们巴不得把太阳的威力限制在青铜圈里，不让这个红彤彤的火炭团炙烤人间。这个太阳轮，默默诉说了一段三四千年前的古气候消息。难道不是这样吗？

小知识

在原始社会时期，太阳的形象何止是青铜铸造的？更早的陶器和稍晚的其他器物和壁画上面，也有它的形象。

请看，比三星堆遗址还要早或差不多同时期的许多地方，例如山东大汶口文化遗址里的彩陶器皿上面，河南郑州大河村新石器时代遗址的彩陶片上，青海省海东市乐都区柳湾遗址的彩陶盆上，都有同样的太阳形象。

比三星堆遗址晚的广西宁明花山岩画上面，四川珙县僰人悬棺岩画上面，也都精心绘着一个个圆圆的太阳。

信不信由你，三星堆遗址还出土了穿着"现代派"超短裙的青铜人像呢。这是为什么？和当时的气候有什么关系？

辫子的科学

小小的辫子，也藏着大学问

> ▶ 请问，中国的大男人是什么时候开始梳辫子的？

人们必定会不假思索就回答："这还不清楚吗？当然是从清代开始的。"

不，三四千年前的三星堆时代，人们就开始梳辫子了。这才是最早梳辫子的中国男子汉。

梳辫子就是梳辫子，难道也有科学问题吗？

有呀。

走进三星堆博物馆仔细看，几乎所有的青铜男子汉的头像，后脑勺都拖了一根大辫子，有的还把辫子盘在头顶上。

为什么古老的三星堆人也留辫子呢？其中包含着一个生活科学的问题。

为什么这样说？要从最早的原始社会时期说起。

在原始社会时期，人们的头发从来都不剪一下，都披着长长的乱发到处乱跑。生活在茂密的森林里，披散的头发很容易被树枝钩住，无论打猎追赶野兽，还是来往走路，都很不方便。如果有一只凶猛的野兽扑来，而人的头发被钩住了，想逃命也不行。人们总结经验后，学会了梳辫子，把一头乱发梳成辫子就麻利多了。

啊，三四千年前的三星堆人梳辫子，原来是这样来的。不消说，这对生产和生活都有许多好处。

清兵入关后，把自己梳辫子的习惯带到全国各地强迫推行，不梳辫子要砍脑袋，那就是另外一回事了。

在不同的时代留辫子，意义和作用还会不同。小小的辫子，想不到也包含着一些科学的问题。

小知识

在古蜀文明的历史里，比三星堆遗址晚的金沙遗址也出土了一些梳辫子的青铜男人像，不同的是：三星堆人只梳一根大辫子；金沙人有好几根辫子。这是不同部族的生活习惯。当时不管留一根辫子，还是几根辫子，都是为了生活和生产方便。

三星堆人为什么留辫子？

105

图书在版编目（CIP）数据

改变历史的中国古代科技. 数学 物理 化学 生物 /
刘兴诗著. -- 北京：人民邮电出版社，2024.5
ISBN 978-7-115-63371-2

Ⅰ. ①改… Ⅱ. ①刘… Ⅲ. ①科学技术－技术史－中
国－古代－儿童读物 Ⅳ. ①N092-49

中国国家版本馆CIP数据核字(2024)第050508号

◆ 著　　　　刘兴诗
责任编辑　张天怡
责任印制　陈　犇

◆ 人民邮电出版社出版发行　　北京市丰台区成寿寺路 11 号
邮编　100164　　电子邮件　315@ptpress.com.cn
网址　https://www.ptpress.com.cn
优奇仕印刷河北有限公司印刷

◆ 开本：700×1000　1/16
印张：6.75　　　　　　　　2024 年 5 月第 1 版
字数：100 千字　　　　　　2024 年 5 月河北第 1 次印刷

定价：35.00 元

读者服务热线：(010)81055410　印装质量热线：(010)81055316
反盗版热线：(010)81055315
广告经营许可证：京东市监广登字 20170147 号